TRAITÉ

DE

GÉOMÉTRIE ÉLÉMENTAIRE

TRAITÉ

DE

GÉOMÉTRIE ÉLÉMENTAIRE

A L'USAGE

des élèves de l'enseignement secondaire

(PREMIER ET SECOND CYCLE)

SUIVI DE COMPLÉMENTS

A L'USAGE DES CANDIDATS AUX ÉCOLES DU GOUVERNEMENT

PAR

P. SIMON

ANCIEN ÉLÈVE DE L'ÉCOLE NORMALE SUPÉRIEURE
PROFESSEUR AU COLLÈGE STANISLAS

Ouvrage conforme aux programmes officiels du 31 mai 1902

PARIS

LIBRAIRIE CLASSIQUE EUGÈNE BELIN

BELIN FRÈRES

RUE DE VAUGIRARD, 52

1903

Tout exemplaire de cet ouvrage non revêtu de notre griffe sera
réputé contrefait.

PRÉFACE

Il existe un grand nombre d'excellents traités de géométrie élémentaire. Aussi, si nous en publions ici un nouveau, est-ce uniquement parce que nous désirons nous placer à un nouveau point de vue, et, selon nous, combler un vide.

Parmi les livres de géométrie, les uns, à grande allure, très savants, tels ceux de MM. Rouché, Niewenglowski et Gérard, Adhamard, sont incontestablement très utiles aux élèves forts, mais rien qu'à ceux-là.

Les autres livres, plus modestes, moins rénovateurs, et tous, il est vrai, assez pareils, peuvent évidemment être consultés avec fruit par les élèves faibles ou moyens. Seulement, comme la méthode synthétique y est presque toujours employée, les élèves de cette deuxième catégorie ne peuvent faire et ne font guère qu'une chose : s'efforcer d'apprendre par cœur, machinalement, une à une, les démonstrations, telles qu'elles figurent dans le livre. Travail dangereux, pénible, et (l'expérience le prouve) longtemps infructueux.

C'est pour essayer de remédier à cet état de choses fâcheux que nous publions ici cet ouvrage, estimant qu'un livre de géométrie ne doit pas être seulement un bon dictionnaire complet, mais que les idées et les méthodes générales doivent toujours largement y circuler, afin que l'élève sache, quand il mène une ligne ou considère un triangle, pourquoi il faut le faire. En un mot, dans ce nouveau traité, désireux d'amener les élèves à travailler d'une autre façon, nous emploierons presque toujours franchement la méthode analytique, et non pas, comme le font les traités usuels, la méthode synthétique.

La mémoire inintelligente étant de la sorte supprimée, il nous semble clair que, les jours d'examens, l'élève bien entraîné, s'il est sensible à cet appel naturel des idées que nous préconisons, sera en état de retrouver à peu près seul, de lui-même, naturellement; toutes les démonstrations qui ne reposent pas sur des artifices.

Le but poursuivi dans notre livre est donc nettement défini.

Ce livre, bien entendu, n'empêchera pas les élèves de pouvoir consulter avec fruit les livres de géométrie traités au point de vue synthétique. Il n'empêchera pas non plus le cours du maître d'être absolument nécessaire, car un enseignement parlé ne pourra jamais être remplacé par aucun livre, quel qu'il soit.

Ajoutons, pour terminer, que la bienveillance avec laquelle maîtres et élèves ont bien voulu accueillir le *Guide méthodique de résolution des problèmes de géométrie élémentaire* que nous avons publié il y a quelque temps nous fait espérer que, ici encore, on voudra se montrer indulgent et nous tenir compte du désir que nous avons eu d'agir constamment dans l'intérêt des élèves (forts ou faibles), à quelque cycle et à quelque division qu'ils appartiennent.

TRAITÉ DE GÉOMÉTRIE ÉLÉMENTAIRE

GÉOMÉTRIE

NOTIONS PRÉLIMINAIRES

On appelle **corps solide** ou simplement **solide** un objet quelconque. Exemple : une pierre, un fruit.

Tout corps occupe une portion de l'étendue qu'on appelle le **volume** du solide.

On appelle **surface d'un corps** ce qui limite ce corps, c'est-à-dire ce qui sépare ses molécules intérieures du restant de l'étendue. Ex. : la peau très mince d'un fruit. (Une surface n'a pas d'épaisseur. C'est une conception de notre esprit.)

On appelle **ligne** la partie commune à deux surfaces, ou encore ce qui limite une surface. Ex. : dans une feuille de papier très mince, le bord est une ligne ; dans une glace biseautée, l'intersection des deux faces est une ligne. (Une ligne n'a ni largeur ni épaisseur.)

On appelle **point** la partie commune à deux lignes, ou encore l'extrémité d'une ligne.

On peut aussi *a priori* concevoir un point tout seul ou une ligne toute seule, ou une surface sans le corps qu'elle limite, la ligne étant une suite continue de points, et la surface étant constituée par une suite continue de lignes.

On distingue deux sortes de lignes : les lignes droites et les lignes courbes.

La **ligne droite** ne peut pas se définir. Nous en avons tous une idée très nette par l'image d'un fil fortement tendu.

Nous devons également admettre comme évident que *par deux points donnés on peut faire passer une ligne droite, et une seule — droite que l'on peut évidemment prolonger indéfiniment.*

Et enfin nous admettrons comme évident que *la ligne droite est le plus court chemin d'un point à un autre*.

Et cela est naturel, l'expérience montrant que le temps em-

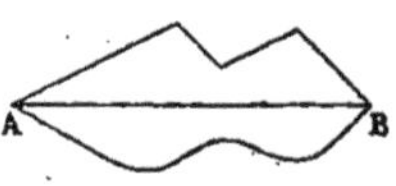

Fig. 1.

ployé pour parcourir une ligne droite AB est plus court que le temps nécessaire pour parcourir n'importe quelle autre ligne brisée ou courbe partant de A et finissant en B.

On appelle **ligne brisée** un assemblage de lignes droites, non en prolongement, chacune d'elles commençant là où l'autre finit (voir la figure ci-dessus).

On appelle **ligne courbe** une ligne qui n'est ni droite ni brisée. Un fil enroulé sur le doigt nous donne l'image d'une ligne courbe.

La plus simple des surfaces est la **surface plane** ou **plan**. C'est une surface telle que si on y prend deux points au hasard, et que par ces deux points on fasse passer une ligne droite, tous les points de cette ligne droite sont sur la surface.

Il en résulte que, pour voir si une table ou une glace est plane, il suffit de regarder si une règle bien droite peut y être exactement appliquée dans n'importe quelle direction.

On appelle **surface courbe** une surface qui n'est pas plane et qui n'est pas non plus composée de surfaces planes.

Comme exemple de ligne courbe remarquable, il faut noter la **circonférence**. C'est une ligne dont tous les points sont situés dans un même plan, à égale distance d'un point intérieur O, appelé **centre**.

Toute portion de circonférence s'appelle un **arc de circonférence**.

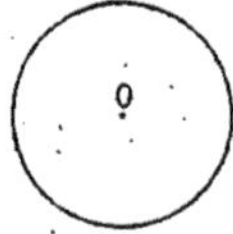

Fig. 2.

On appelle **rayon** toute droite partant du centre O et limitée à la circonférence ou à l'arc.

On appelle **cercle** la portion de surface plane limitée par la circonférence. (Le cercle est donc une surface.)

On appelle souvent la circonférence « *circonférence de cercle* », car c'est ce qui est autour du cercle.

(On peut facilement tracer une circonférence en se servant d'un *compas*, instrument composé de deux tiges mobiles à frottement dur autour d'un petit *axe* qu'on appelle la *tête* du compas. Ces tiges, appelées *branches* du compas, étant écartées l'une de l'autre, la pointe de l'une se pique en un point du plan et l'autre tourne tout autour, en s'appuyant toujours sur le plan).

CONVENTIONS FONDAMENTALES

I. — On dit que *deux lignes droites limitées* ou encore que deux *droites* ou *deux longueurs* sont *égales*, quand elles sont exactement superposables.

II. — On dit qu'une droite AB est *la somme de plusieurs autres* MN et PQ quand, en plaçant ces dernières bout à bout sur une même droite, la droite unique ainsi obtenue est superposable à la première AB.

Il résulte de là que les longueurs, autrement dit les segments de droites, sont des **grandeurs géométriques**, puisqu'on peut très nettement dire, sans contestation possible :

1° Quand elles sont inégales entre elles;
2° Quand l'une est égale à la somme de plusieurs autres;
3° Quand l'une est le double ou le triple d'une autre.

Dans le même ordre d'idées, étant données deux circonférences de mêmes rayons, il sera facile d'y définir nettement, et *les arcs égaux*, et *un arc égal à la somme de plusieurs autres*, et aussi, par conséquent, un arc double ou triple d'un autre.

En effet, deux circonférences de mêmes rayons sont superposables en tous leurs points une fois que les centres coïncident (cela résulte de la définition même). Prenons alors, au hasard, sur les deux circonférences de mêmes rayons O et O', deux arcs AB et CD. Si on transporte par la pensée O' sur O et de façon que l'extrémité C tombe en A, tous les points de l'arc CD viendront évidemment en des points de l'arc AB et nulle part ailleurs; par conséquent, l'extrémité D tombera d'elle-même, sur l'autre circonférence, ou en B, ou au delà, ou en deçà.

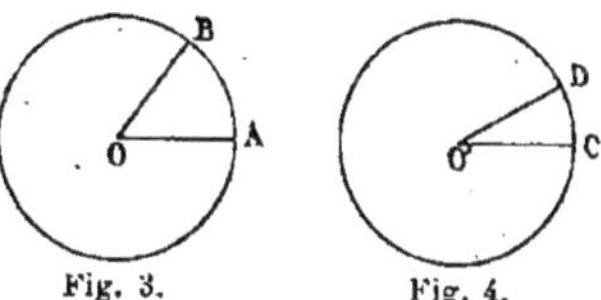

Fig. 3.   Fig. 4.

On dira dès lors tout naturellement :

1° Que les deux arcs AB et CD sont égaux quand, C étant appliqué en A, D tombe en B, c'est-à-dire quand les deux arcs AB et CD coïncident dans toute leur étendue ; 2° on dira que AB sera plus grand que CD quand D tombera en deçà de B, c'est-à-dire entre A et B.

On dira enfin : 3° qu'un arc unique AB sera la somme de plusieurs autres arcs de même rayon, *mn*, *np*, *pq*, quand ces petits arcs étant portés à la suite les uns des autres, de façon que l'un commence là où l'autre finit, la figure ainsi obtenue donnera un seul arc *mq* égal, c'est-à-dire superposable à l'arc AB.

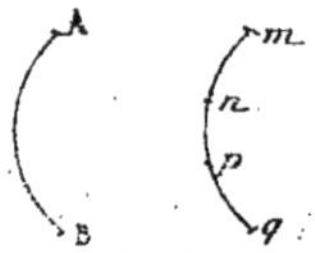

Il résulte de là qu'un arc unique sera dit le double d'un autre quand, en procédant comme nous venons de faire, le grand arc sera la somme de deux arcs égaux au petit.

Fig. 5.

Les arcs de cercle sont donc, eux aussi, comme les segments de droites, ce qu'on appelle des grandeurs géométriques[1].

On appelle **figure géométrique** un assemblage de points, de lignes, de surfaces ou de volumes.

On dit que deux figures géométriques sont *égales* quand elles sont superposables.

Dans toute figure géométrique il y a des éléments connus et des éléments inconnus.

Définition. — *La géométrie est la science qui étudie,* c'est-à-dire *découvre les propriétés des figures.* Etudier une figure géométrique donnée, c'est chercher à voir rigoureusement si deux longueurs y sont égales entre elles ou non, si deux droites y sont ou non écartées l'une de l'autre d'autant que deux autres droites, si deux aires y sont équivalentes ou non, et quel est alors leur rapport, etc., etc.

On voit que dans toute étude géométrique on ne s'occupe jamais que d'*égalités* ou d'*inégalités*.

Cette étude préliminaire des figures, on ne saurait s'en passer pour pouvoir mesurer la surface et le volume des corps.

Cette mesure des objets terrestres (ou, si l'on veut, cette mesure de la terre) étant l'objectif final et la raison d'être de la

---

1. Car on appelle **grandeurs géométriques** des grandeurs dont on peut nettement, sans contestations possibles, définir l'égalité et où on peut non moins nettement dire quand l'une est la somme de plusieurs autres de même espèce.

géométrie, cette étude a été appelée pour cette raison géométrie [des mots grecs γῆ (terre) et μέτρον (mesure)].

RAISON D'ÊTRE DES RAISONNEMENTS GÉOMÉTRIQUES
ET INSUFFISANCE DES MESURES.

Pour voir si deux longueurs sont égales ou non, on ne les superpose jamais (quand on peut les déplacer); on ne les mesure pas non plus à l'aide du mètre ou du décimètre; cela ne servirait à rien. C'est toujours par le raisonnement qu'on y arrive [1].

Nous avons dit qu'on ne superpose jamais et qu'on ne mesure jamais non plus les lignes pour voir si elles sont égales.

En effet, lors même qu'on les aurait trouvées égales, la limite de la visibilité étant 1/4 de millimètre [2], cela ne prouverait qu'une chose : c'est, ou qu'elles sont effectivement égales, ou que leur différence est inférieure à 1/4 de millimètre.

Donc, il y a doute, et elles pourraient fort bien ne pas être égales.

La superposition ou la mesure directe des longueurs ne prouvant rien, il n'y a dès lors que le *raisonnement* qui puisse prouver leur égalité ou leur inégalité, notre esprit étant ainsi organisé qu'aucun autre procédé que le raisonnement ne peut donner cette certitude absolue.

D'un autre côté, il est en général de la dernière importance que l'on sache si deux longueurs d'une figure sont rigoureusement égales ou non; l'évaluation approximative est donc loin de suffire.

Supposons, par exemple, qu'un fabricant ait à faire le plan d'une machine ou d'un instrument de précision. Ce plan est toujours réduit à une certaine échelle, 1/100° par exemple. Prenons sur ce plan deux longueurs, et supposons que, les ayant mesurées, on les ait trouvées égales, mais qu'en réalité elles diffèrent de 1/4 de millimètre. L'ouvrier qui se servira de ce plan, pour construire la machine, devra multiplier par 100 toutes les dimensions de la figure. Par conséquent les longueurs en question, qui sont en réalité inégales, mais qu'il croit égales, il les fera égales dans sa machine. Et celle-ci alors ne pourra pas

---

1. Le raisonnement est une opération de l'esprit qui consiste, étant données deux idées, à dire nettement l'idée nouvelle qui en découle.

2. Si avec une loupe grossissant deux fois on marquait sur une feuille de papier deux points distants de 1/2 millimètre, ces deux points, à l'œil nu, n'en feraient effectivement plus qu'un seul.

fonctionner ; car, pour fonctionner, ces longueurs devraient différer de 100 fois 1/4 de millimètre, c'est-à-dire de 25 millimètres.

Il en serait de même dans l'évaluation des distances sur le terrain. La moindre erreur dans l'évaluation exacte des distances pourrait avoir des conséquences très graves, par exemple, pour le tir des projectiles.

Il est donc de toute importance que, quand deux longueurs sont égales ou inégales, on le sache rigoureusement, et dans ce dernier cas qu'on connaisse exactement leur différence.

Définitions diverses.

On appelle *axiomes* des vérités évidentes par elles-mêmes.

Ex. : Deux quantités égales à une troisième sont égales entre elles.

La partie est plus petite que le tout.

Si de deux quantités égales on retranche une même quantité, les restes sont égaux.

On appelle **théorèmes** des vérités qui ne sont pas évidentes et qui ne le deviennent qu'après un raisonnement rigoureux.

(La géométrie s'appelle précisément **science exacte**, parce qu'elle ne conduit qu'à des vérités indiscutables.)

Dans tout théorème énoncé, il y a deux parties :

1° L'*hypothèse* ou la *donnée*[1] ;

2° La *conclusion*.

Dans l'hypothèse, on dit nettement ce qu'on suppose être vrai.

Dans la conclusion, on dit d'avance non moins nettement ce qu'on propose de démontrer.

L'hypothèse dans un théorème est simple ou multiple. Quand elle est multiple, il est clair que dans le raisonnement il faudra s'appuyer sur toutes les parties de cette hypothèse. (Car, si le théorème pouvait être établi en en négligeant une, celle-ci serait inutile et le théorème serait alors mal énoncé.)

On appelle *théorème réciproque d'un théorème donné* ou simplement **réciproque**, un second théorème où l'une des parties

---

1. Dans un *théorème*, l'hypothèse (des mots grecs : ὑπό, τίθημι, je place dessous) est le fondement de la question ; elle énonce une vérité très nette qui existe et qu'on ne saurait mettre en doute. [Le mot *hypothèse* ne doit donc pas ici être employé dans le sens du mot *supposition*.]

de l'hypothèse devient conclusion, la conclusion du théorème primitif étant de son côté devenue elle aussi hypothèse. Par exemple, si, dans le théorème primitif, l'hypothèse se compose de trois parties que nous appellerons A, B, C, la conclusion étant la vérité D, le théorème pourra donner naissance à trois théorèmes réciproques, la conclusion étant dans le 1ᵉʳ A avec les hypothèses B, C et D ;

—	—	2ᵉ B	—	—	A, C et D ;
—	—	3ᵉ C	—	—	A, B et D.

(Il ne faudrait pourtant pas croire que tout théorème donne naissance à un théorème réciproque.)

On appelle *corollaire* une vérité, conséquence immédiate d'un théorème.

On appelle d'une façon générale *proposition* toute vérité qu'on demande de démontrer.

Des diverses méthodes qu'on emploie pour la démonstration des théorèmes.

Très souvent l'examen attentif de la figure suffit pour faire la démonstration du théorème énoncé.

Dans le cas contraire, c'est-à-dire, quand les yeux ne suffisent pas, on emploie, selon les cas, des moyens détournés qu'on appelle des méthodes. Il y en a trois :

La méthode par l'absurde ;
La méthode synthétique ;
La méthode analytique.

Au début des diverses théories, on emploie assez volontiers, faute de mieux, une méthode rudimentaire, dite *par l'absurde*, qui consiste à démontrer qu'une chose est d'une certaine façon en prouvant qu'elle ne peut pas être d'une autre façon, et ce raisonnement, qui consiste à rejeter toutes les suppositions qui mènent comme conséquence à un résultat absurde, notre esprit nous le donne comme absolument rigoureux.

Mais cette méthode par l'absurde ne peut pas être fréquemment employée. Elle ne satisfait du reste pas pleinement l'esprit.

La seconde méthode de démonstration d'un théorème, dite *synthétique* (des mots grecs : σύν, τίθημι, je place ensemble), s'appelle ainsi parce qu'elle donne très vite la démonstration du théorème, mettant ensemble le plus vite possible en négligeant toutes les explications, et la question et les éléments de la réponse. — Quand on emploie cette méthode, on joint en effet des points, on mène des lignes, on considère des triangles ou des cercles, etc.; tout cela, très vite, sans dire pourquoi, presque pêle-mêle — jusqu'au moment où la vérité, énoncée, apparaît nécessaire.

Cette façon de procéder est évidemment une affaire de mémoire; si donc la mémoire fait défaut, on est arrêté net.

La méthode est donc dangereuse pour les débutants et ne doit être employée que par les élèves déjà forts et absolument sûrs d'eux-mêmes.

La troisième méthode, dite *méthode analytique* (du mot grec ἀναλύω, je délie, je décompose, je simplifie), procède d'une tout autre façon. — Au lieu de s'adresser tout le temps à la mémoire, elle s'adresse un peu à la mémoire et beaucoup au jugement. L'élève dès le début, et dès qu'il a bien posé la question, sait où il va. Quand il mène une ligne ou considère un triangle, il sait pourquoi. Il est constamment guidé.

Et, en effet, la méthode d'analyse consiste à remplacer la vérité A, dont on propose la démonstration dans l'énoncé du théorème, par une autre vérité B, qu'il faut également démontrer. Quelquefois, cette seconde vérité à démontrer, B, est remplacée par une troisième C, cette troisième C au besoin par une quatrième, et ainsi de suite, jusqu'à ce qu'on arrive à une dernière vérité L qui est évidente ou déjà établie. On ramène donc ici tout le temps une question à une autre.

Or, ces vérités dont il faut de la sorte, toujours de proche en proche, substituer la démonstration à la démonstration de la vérité primitivement proposée, on les connaîtra en général assez facilement. Car, à la fin de chaque livre de géométrie, nous aurons soin d'indiquer les diverses méthodes susceptibles d'être employées pour résoudre chaque genre de questions (méthodes en nombre assez restreint heureusement, et parmi lesquelles on fera d'ordinaire assez aisément son choix en regardant la figure et en s'appuyant sur les données de la question).

Remarque. — Quand, au lieu de démontrer la vérité A contenue dans l'énoncé, on propose d'en démontrer à sa place une autre B, il faudra, bien entendu, que cette vérité B entraîne la vérité A. Ce n'est que si cette question de réciprocité est satisfaite que la propriété A du théorème sera démontrée quand on aura démontré la propriété B.

Si donc les vérités successives A, B, C, D... L, sont toutes deux à deux réciproques, il est clair qu'une fois la dernière L démontrée, la première A le sera, et le théorème sera démontré.

SUPÉRIORITÉ DE LA MÉTHODE ANALYTIQUE SUR LA MÉTHODE SYNTHÉTIQUE ET CONSEILS GÉNÉRAUX.

Si la chose était possible, la méthode synthétique, constamment appliquée aux théorèmes, serait excellente pour permettre à l'élève débutant d'exposer, vite, par cœur, sans grand travail personnel, un à un, les théorèmes du cours.

Mais cela est matériellement impossible, car autre chose est d'apprendre une dizaine de théorèmes ou d'en apprendre mille.

L'expérience est du reste faite. Les élèves débutants qui travaillent de la sorte, ne lisant que des exposés synthétiques, et essayant d'apprendre ces démonstrations par cœur, machinalement, ont un mal énorme à retenir quelque chose de sensé, et finissent souvent par ne rien savoir de sérieux.

La méthode analytique, au contraire, permet à l'élève intelligent *ou d'inventer de lui-même la démonstration d'un théorème qu'il n'a jamais vue, ou de la retrouver quand il l'a oubliée.*

Pour cela, il n'a qu'une chose à faire :

1° Se demander chaque fois nettement quel genre de question il a à démontrer ;

2° Quand l'examen attentif de la figure, à l'aide des yeux, ne suffit pas, il doit ensuite choisir, parmi les diverses méthodes qu'on lui a indiquées, pour traiter ce genre de question, celle qui paraît convenir (en raison des données du théorème et des propriétés évidentes qui en découlent).

La méthode d'analyse peut donc bien être appelée, ainsi que le dit Pascal, une *méthode d'invention,* tandis que la méthode de *synthèse* n'est qu'une méthode artificielle d'exposé des questions donnant une vue d'ensemble.

Aussi préconiserons-nous absolument dans ce livre la méthode analytique qui est la méthode de recherche par excellence en géométrie, et rejetterons-nous volontiers, presque sans exception, l'autre méthode comme ne pouvant presque rien apprendre aux débutants et ne faisant que les fatiguer à cause de l'effort de mémoire prodigieux et d'ailleurs chimérique qu'elle exige.

REMARQUE. — Il est clair pourtant qu'une fois que l'élève débutant ou fort aura traité par l'analyse une question de géométrie (aussi bien un problème qu'un théorème), rien ne l'empêchera après coup de se résumer par un exposé synthétique. Car ce dernier est incontestablement d'une rédaction plus commode, très nette, très claire et très enlevée. [C'est même à cause de ces qualités extérieures que cet exposé synthétique a tellement été adopté dans la plupart des livres même les plus modestes de géométrie élémentaire.] Seulement, quand dans ces conditions l'élève fera de la synthèse, ce ne sera plus chez lui affaire de pure mémoire. Des sous-entendus, des intermédiaires sautés, il y en aura sans doute partout : mais, s'il le voulait, il n'y en aurait pas. Il saurait, s'il le fallait, dire pourquoi il mène les lignes ou considère les triangles nécessaires.

Et cet exposé synthétique, nous l'aimons alors dans la bouche ou sous la plume de l'élève, parce que nous n'y assistons pas comme à une séance de prestidigitation où on regarde et où on attend machinalement le résultat, nous l'aimons parce que nous sentons que, dans cet exposé, l'intelligence circule tout le temps, et non pas seulement la mémoire.

En résumé donc, l'exposé synthétique d'une question ne doit être accepté et encouragé que s'il est le résultat d'un travail antérieur d'analyse.

Il est clair que, dans cet ordre d'idées, on pourrait et on devrait peut-être faire trois sortes de traités de géométrie : l'un synthétique, exclusivement pour les élèves déjà forts, et qui serait comme une sorte de *mémento* parfait, supérieur; l'autre analytique, exclusivement pour les débutants, car l'analyse seule, ainsi que le disent Pascal et Descartes, peut donner les qualités nécessaires au développement de l'esprit mathématique; le troisième enfin, en partie analytique et en partie synthétique.

Pour finir, disons qu'il y a un certain nombre de théorèmes (assez rares heureusement en géométrie élémentaire) qu'il faut, eux, absolument apprendre par cœur, donc synthétiquement; car on ne peut les traiter qu'à l'aide d'artifices spéciaux. Ceux-ci, il faut les signaler d'une façon particulière, afin qu'on les étudie, un à un, de mémoire; mais les autres, il faut toujours tâcher de les retrouver tout seul, par sa propre initiative, parce qu'on le peut.

Classification.

La géométrie étudie deux sortes de figures : les **figures planes** et les **figures dans l'espace**.

Une figure est dite *figure plane* quand toutes les lignes et points qui la constituent sont dans un même plan.

Une figure est dite *figure dans l'espace* quand les lignes et les points qui la constituent ne sont pas tous dans un même plan.

La géométrie plane comprend quatre livres :

Livre Ier. — *Ligne droite et assemblages de lignes droites* (angles, triangles, polygones).

Livre II. — *Circonférence.*

Livre III. — *Figures semblables et polygones réguliers.*

Livre IV. — *Mesure des surfaces.*

La géométrie dans l'espace comprend trois livres, faisant suite aux précédents :

Livre V. — *Du plan et de la ligne droite.*

Livre VI. — *Des polyèdres.*

Livre VII. — *De la sphère, du cône et du cylindre de révolution* (autrement dit des corps ronds).

Il y a enfin une dernière partie de la géométrie élémentaire qui est réservée à l'étude de quelques courbes spéciales, dites *courbes usuelles*, courbes qu'on appelle *ellipse, hyperbole, parabole* et *hélice*, et qui constitue le VIIIe livre, dit des *courbes usuelles*.

GÉOMÉTRIE PLANE

LIVRE PREMIER

Etude de là ligne droite.

Ce premier livre comprend six paragraphes :

§ 1ᵉʳ. — **Angles**;
§ 2. — **Triangles**;
§ 3. — **Perpendiculaires et obliques**;
§ 4. — **Parallèles et applications**;
§ 5. — **Symétrie et translation**;
§ 6. — **Construction avec la règle et l'équerre.**

§ 1ᵉʳ. — Angles

Nous partagerons l'étude des angles en cinq parties qui sont les suivantes :

I. — **Définition et généralités**;
II. — **Angles adjacents et angle droit**;
III. — **Angles supplémentaires**;
IV. — **Angles opposés par le sommet**;
V. — **Evaluation pratique d'un angle avec le rapporteur.**

I. — Définitions et généralités.

Définitions. — On appelle **angle** la figure formée par deux demi-droites indéfinies qui ont même extrémité.

Ces deux demi-droites s'appellent les *côtés* de l'angle et le point commun s'appelle le *sommet* de l'angle.

Un angle se désigne soit par trois lettres, la lettre du sommet étant au milieu (ex. AOB), soit par une seule lettre (ex. l'angle O), soit par une petite lettre (ex. l'angle α), soit encore par un chiffre (ex. l'angle 1).

On dit qu'un point est *intérieur à un angle* quand il se trouve sur la droite limitée qui unit deux points pris sur les côtés de l'angle.

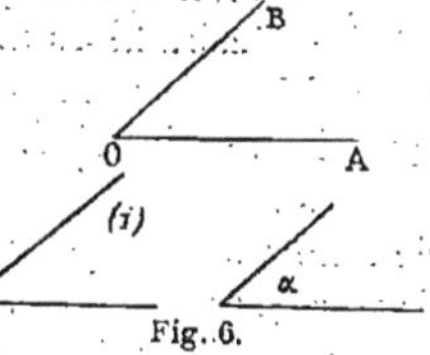

On peut évidemment considérer tout angle donné AOB comme engendré par le mouvement d'une demi-droite mobile qui d'abord confondue avec OA, marchant ensuite de façon à ne passer que par des points intérieurs à l'angle, arrive et s'arrête dans la position OB.

(Dans tout ce qui va suivre, nous ne considérerons jamais que les angles décrits par une demi-droite OB qui, partant de la position OA, s'arrête avant d'arriver en coïncidence avec la droite OA', prolongement de OA.)

Comparaison des angles et conventions fondamentales.

Une grandeur étant par définition tout ce qui peut être augmenté ou diminué, nous allons démontrer, comme nous l'avons fait pour les segments de droites et pour les arcs,

1° Que les angles sont des grandeurs;
2° Que ce sont des grandeurs géométriques.

Pour démontrer qu'un angle est une grandeur, imaginons une demi-droite fixe OA, ensuite une deuxième demi-droite mobile

OB, d'abord appliquée sur OA, puis qui tourne dans le plan autour du point O et toujours dans le même sens, par exemple dans le sens inverse des aiguilles d'une montre. Supposons qu'elle s'arrête dans une certaine position OB (avant d'être arrivée en coïncidence avec la droite qui serait le prolongement de OA).

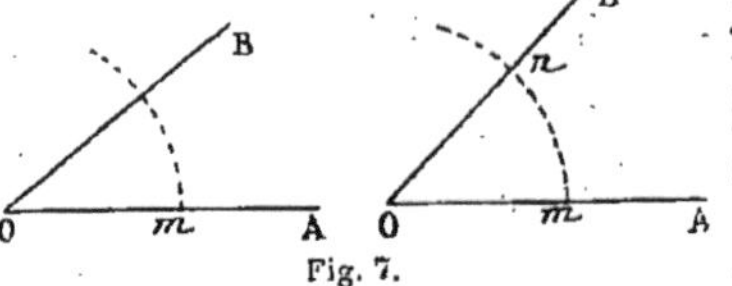

Fig. 7.

Il est clair qu'un point quelconque m pris sur cette droite mobile décrira alors un chemin qui sera un arc de circonférence, arc qui ira constamment en grandissant et qui s'arrêtera en n si la droite mobile s'arrête en OB.

Dans l'angle AOB ainsi formé par les deux droites OA et OB, rien ne nous empêche *d'appeler cet arc* mn *l'écartement des deux côtés de l'angle.*

Par conséquent, les mots « arcs interceptés » ou « écartements » étant synonymes, on pourra dire que, quand l'arc mn croît, l'écartement des droites croît, et inversement. On pourra aussi dire que, quand l'arc mn croît ou décroît, l'angle croît ou décroît.

Donc les angles sont bien des grandeurs, puisqu'ils peuvent aller en grandissant ou en diminuant.

Nous allons maintenant montrer (comme nous l'avons fait pour les longueurs et pour les arcs) que l'angle est une grandeur géométrique.

1° L'égalité de deux angles est facile à définir, même sous trois formes différentes.

On peut dire que *deux angles sont égaux quand ils sont superposables.*

On peut aussi dire que *deux angles sont égaux quand les arcs de mêmes rayons interceptés sont égaux, c'est-à-dire superposables.*

On peut enfin dire que *deux angles sont égaux quand les côtés y sont également écartés.*

(Cette troisième façon de parler revient à la seconde, puisque les mots « arcs interceptés » et « écartements » sont synonymes.)

Quant aux deux premières façons, elles reviennent au même, car, quand deux angles ont été amenés en superposition, les arcs interceptés sont égaux, et réciproquement.

En effet, si les deux angles AOB et A'O'B' sont égaux, c'est-à-dire superposables, l'arc $m'n'$ s'appliquera sur l'arc mn, se tenant en n, en deçà ou au delà. Mais n', point de O'B', doit aussi s'appliquer en un point de OB. Donc n' devant tomber à la fois sur l'arc mn et sur la droite OB ne pourra tomber qu'en n. Donc $m'n'$ coïncidera avec mn.

Réciproquement, si les arcs mn et $m'n'$ sont égaux, cela veut dire qu'on peut les amener en superposition quand on a fait coïncider O' et O. Mais alors O'm' s'appliquant sur Om et O'n' sur On, les deux angles se superposent, donc sont ce que nous avons appelé égaux.

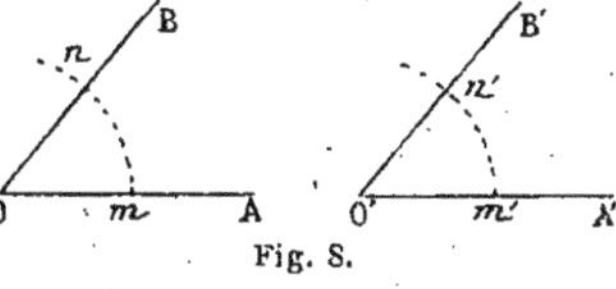

Fig. 8.

Remarque. — On n'aurait pas pu dire, comme définition, que l'angle est la quantité plus ou moins grande dont ses côtés sont écartés ; car il faut commencer par dire scientifiquement, ainsi que nous l'avons fait (d'accord en cela avec la Géométrie de MM. Niewenglowski et Gérard), ce que signifie le mot « écartement de deux demi-droites ».

Mais, actuellement que nous avons bien défini le mot, nous pourrons fort bien, dans les démonstrations ultérieures, parler de l'écartement de deux demi-droites.

———

En résumé, quand on parlera de deux angles égaux, cela nous indiquera à la fois qu'ils sont susceptibles d'être superposés, et que les arcs interceptés sont égaux.

———

2° On pourra de la même façon dire, de deux façons différentes, ce qu'il faut entendre par ces mots : angle unique égal à la somme de deux autres.

On pourra dire qu'*un angle* COD *est la somme de deux autres* α *et* β *quand, considérant dans les trois angles trois arcs de mêmes rayons, l'arc* mn *décrit dans* COD *est la somme des arcs* aa' *et* bb' *décrits dans les deux angles* α *et* β.

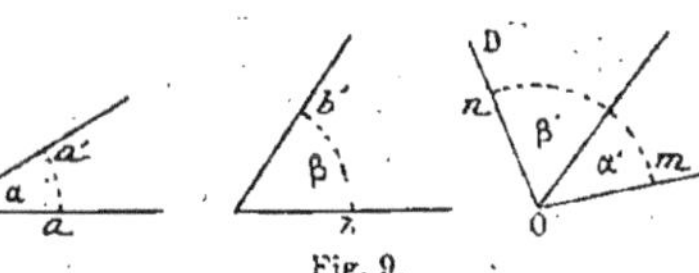

Fig. 9.

Et on écrit : $\widehat{COD} = \hat{\alpha} + \hat{\beta}$.

On pourra dire plus rapidement qu'*un angle est la somme de deux autres quand l'écartement de l'un est la somme des écartements des deux autres.*

(Ces deux façons de parler reviennent au même, mais la seconde façon ne sera claire que si on pense aux arcs interceptés.)

Remarque. — On dit quelquefois qu'un angle COD est la somme de deux angles α et β, quand une demi-droite mobile tournant autour du sommet toujours dans le même sens et à partir de OC jusqu'en OD décrit d'abord un angle égal à α, puis à la suite, immédiatement après, un angle égal à β.

Cela serait exact mais moins net ; aussi est-il préférable de s'en tenir à la considération des arcs interceptés.

3° On verrait de même enfin facilement ce qu'il faut entendre par ces mots : angle double ou triple ou moitié d'un autre, etc.

Les angles étant maintenant des grandeurs mathématiques, il va nous être facile de les étudier rigoureusement, et c'est ce que nous allons faire en adoptant l'ordre suivant :

Angles adjacents et angles droits ;

Angles supplémentaires ;

Angles opposés par le sommet.

II. — Angles adjacents et angles droits

On appelle **angles adjacents** deux angles qui ont même sommet et un côté commun. Ex. AOB et AOC.

On appelle **angle droit** un angle tel que, si on prolonge l'un de ses côtés OB au delà du sommet en OB', les

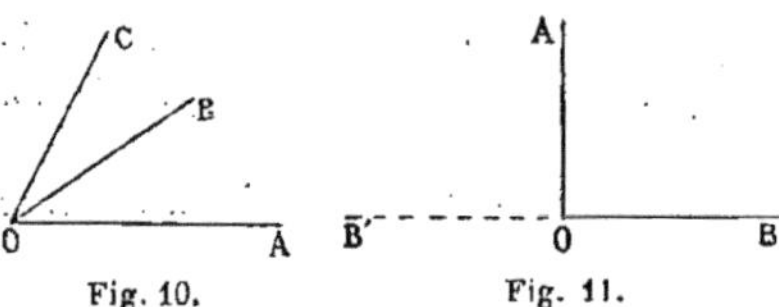

Fig. 10. Fig. 11.

deux angles adjacents ainsi formés sont égaux. On dit alors que la droite OA est *perpendiculaire* sur BB'.

Théorème I. — *Par un point O pris sur une droite XY on peut lui mener une perpendiculaire, et on ne peut en mener qu'une seule.*

En effet, si par le point O nous menons une demi-droite OA très peu écartée de OY, l'angle AOY, situé à droite de la figure, est très petit et l'angle adjacent AOX situé à gauche est bien plus grand. Or, si la demi-droite OA tourne dans le sens F,

l'angle de droite augmente pendant que l'angle de gauche diminue, puisque l'écartement varie. (Cela aurait pu se voir clairement par les variations des arcs interceptés.) Mais à un moment
donné, quand la droite OA est venue en OA′ dans le voisinage
de OX, l'angle de gauche est devenu le
plus petit et l'angle de droite le plus
grand. Et cela prouve avec la dernière évidence qu'à un moment donné
les deux angles ont dû se trouver
égaux (puisque le plus petit est devenu le plus grand).

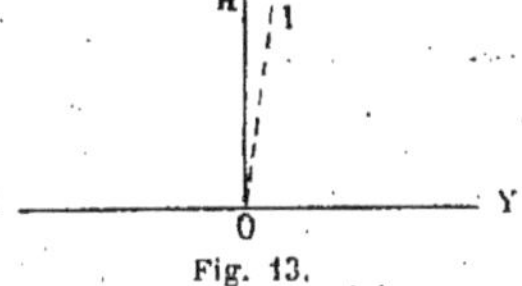

Fig. 12.

Donc, notre procédé de rotation
nous donne un moyen d'obtenir deux angles adjacents égaux,
c'est-à-dire deux angles droits.

Si OH est la position qu'il faut donner à la demi-droite mobile
pour que cela ait lieu, OH sera la perpendiculaire menée en O à
la droite XY. — Donc il existe bien toujours une droite pp.[1] en
O à la droite XY.

Il est clair que ce procédé de rotation ne nous donne qu'une
seule pp. menée en O à XY. Mais il y a évidemment peut-être
d'autres façons d'obtenir une pp. Je dis que, quels que soient les
procédés employés, la pp. qu'ils donnent ne peut être une droite
différente de la droite OH précédemment obtenue par notre
rotation.

En effet, si nous considérons une demi-droite quelconque OI
située à gauche, dans l'angle HOY,
l'angle IOY sera évidemment moindre que l'angle droit HOY (puisque
son écartement est moindre) et
l'angle IOX sera évidemment supérieur à l'angle HOX, donc aussi supérieur à son égal l'angle HOY.

Fig. 13.

Donc les deux angles adjacents IOY et IOX sont inégaux. Donc
aucune ligne à droite de OH ne saurait faire avec XY deux
angles adjacents égaux, c'est-à-dire ne saurait être pp. à XY.

Il en serait de même de toutes les demi-droites situées à gauche
de OH.

Donc, lors même qu'il y aurait plusieurs moyens de mener en
O une droite pp. à XY, tous ces moyens ne donneront jamais
qu'une seule pp.

---

1. pp. est une notation que nous emploierons souvent pour écrire en
abrégé le mot *perpendiculaire.*

.. Donc il est bien établi que, en un point d'une droite, on peut toujours lui mener une pp., et une seule. C. Q. F. D.

REMARQUE I. — Le mode de démonstration précédent nous permettrait de prouver qu'un angle donné peut toujours être partagé par une demi-droite issue du sommet en deux angles égaux, et de plus qu'il n'y a qu'une seule droite le partageant en deux angles égaux.

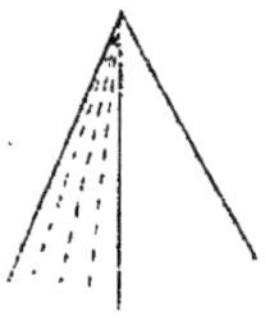

Comme cette demi-droite s'appelle la bissectrice de l'angle, on peut donc dire que *tout angle a une bissectrice et n'en a qu'une.*

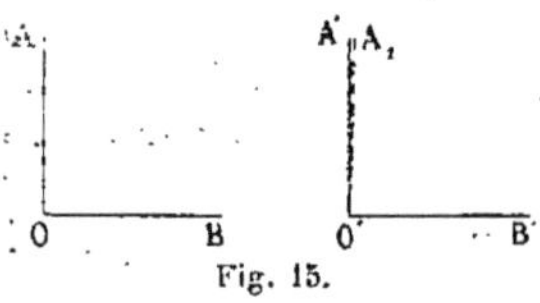

Fig. 14.

REMARQUE II. — Le théorème précédent nous fournit un moyen détourné assez simple pour prouver que dans une figure trois points A, B, C sont en ligne droite. Il suffit de joindre AC, puis BC, et de démontrer que, xy étant une droite pp. à AC, BC est aussi pp. à xy.

Théorème II. — *Tous les angles droits sont égaux entre eux.*

Soient les deux angles droits AOB, A'O'B'. Transportons par la pensée la demi-droite OB sur la demi-droite O'B', OA viendra ou sur O'A', ou à droite, ou à gauche. Mais s'il tombait à droite, en O'A, ', par exemple, du point O' partiraient deux perpendiculaires à la droite O'B'; or cela est impossible. Donc nous ne pouvons pas admettre que OA tombe à droite de O'A'. A gauche non plus. Donc le raisonnement par l'absurde nous montre que OA doit tomber sur O'A'. Donc les angles BOA et B'O'A' coïncident, c'est-à-dire sont égaux. C. Q. F. D.

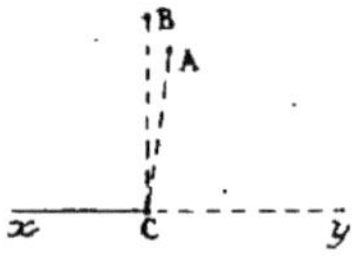

Fig. 15.

Fig. 16.

Définition. — Quand une demi-droite fait avec une droite un angle plus petit qu'un angle droit, on dit que cet angle est *aigu.*

Ex. : MON.

L'angle est *obtus* quand il est plus grand qu'un droit. Ex. : RAS.

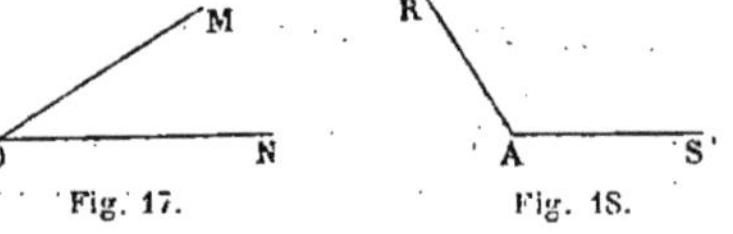

Fig. 17.   Fig. 18.

---

1. Ce chiffre 1, placé à droite et au-dessous de A, s'appelle un indice et la lettre ainsi écrite s'énonce A (indice un), ou simplement A, un.

III. — Angles supplémentaires.

Définition. — On dit que deux angles sont *supplémentaires* quand leur somme vaut deux droits.

Je dis *qu'il existe des angles supplémentaires*.

En effet, en un point O d'une droite indéfinie XY, menons au-dessus une demi-droite quelconque OA, constituant les angles AÔY et AÔX. Menons ensuite la pp. OH.

D'après la définition donnée plus haut d'un angle égal à la somme de deux autres (page 21), on a :

$$\widehat{HOY} = \widehat{YOA} + \widehat{HOA} \quad (1)$$
$$\widehat{AOX} = \widehat{AOH} + \widehat{HOX} \, [1].$$

De cette dernière égalité on tire évidemment :

$$\widehat{HOX} = \widehat{AOX} - \widehat{AOH} \quad (2)$$

Or, si nous ajoutons membre à membre les égalités (1) et (2), il viendra : $\widehat{HOY} + \widehat{HOX} = \widehat{YOA} + \widehat{AOX}.$

Donc la somme des deux angles AOX et AOY vaut deux droits. Ces angles sont donc supplémentaires. Donc il en existe.

Théorème. — *Quand deux angles adjacents sont supplémentaires, les côtés non communs sont en prolongement.*

Soient AOB et AOC, deux angles adjacents supplémentaires. Je dis que OC est forcément le prolongement de OB.

En effet, si le prolongement de OB n'était pas la demi-droite OC, ce prolongement serait une autre droite Oγ. Mais alors qu'arriverait-il ? Les deux angles AOγ et AOB seraient supplémentaires (à cause de la démonstration précédente).

Donc, comme déjà par hypothèse AOC est le supplément de l'angle AOB, et que deux angles supplémentaires d'un même troisième sont égaux entre eux (puisqu'ils valent chacun deux droits moins ce troisième), l'angle AOγ serait égal à l'angle AOC.

Résultat absurde, puisque la partie serait alors égale au tout.

Donc supposer que le prolongement de OB est une droite

---

[1]. Il suffirait, pour bien le voir, de dessiner les arcs de cercle.

autre que OC nous menant à une absurdité, nous devons rejeter cette supposition, et nous sommes forcés d'admettre que le prolongement de OB est la droite OC.

Ce qui démontre le théorème proposé.

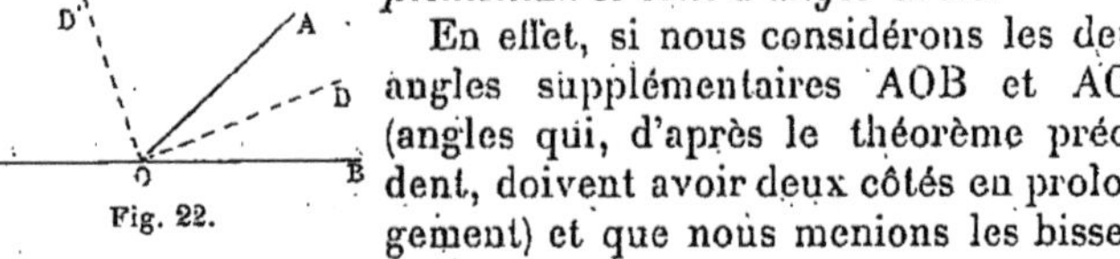

Fig. 21.

REMARQUE. — Ce théorème une fois démontré nous donne évidemment un moyen détourné (autrement dit une méthode) pour prouver que deux droites d'une figure sont en prolongement, ou encore, si on veut, que trois points sont en ligne droite : il suffira de prouver cette autre chose que ces deux droites CA et CB forment avec une demi-droite AX passant par leur point commun deux angles adjacents supplémentaires.

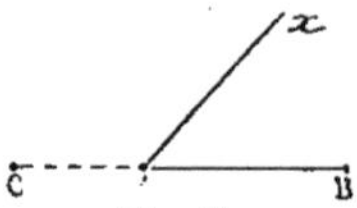

Théorème. — *Les bissectrices de deux angles adjacents supplémentaires sont à angle droit.*

Fig. 22.

En effet, si nous considérons les deux angles supplémentaires AOB et AOC (angles qui, d'après le théorème précédent, doivent avoir deux côtés en prolongement) et que nous menions les bissectrices OD et OD'[1], la figure nous montre que l'angle AOD étant la moitié de AOB, et l'angle AOD' la moitié de AOC, l'angle DOD' sera la moitié de la somme des deux angles AOB et AOC (il suffit de se reporter à ce que nous avons dit plus haut, page 21, sur les arcs parcourus par un point). Par conséquent, l'angle DOD' sera la moitié de deux angles droits, donc vaudra un droit.

Dès lors, les deux bissectrices en question sont pp. entre elles. C. Q. F. D.

Théorème. — *La somme des angles formés autour d'un point d'un même côté d'une droite vaut deux angles droits.*

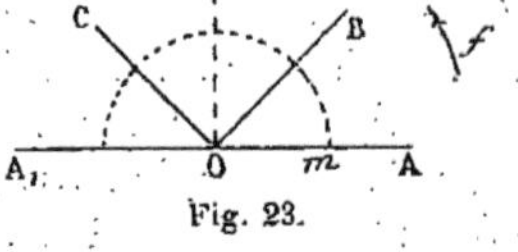

Fig. 23.

Considérons, en effet, les trois angles AOB, BOC et COA₁, formés autour du point O, du même côté de la droite indéfinie AA₁. La figure nous montre que si une demi-droite mobile tourne autour du point O dans

----

1. Une lettre telle que D qui est affectée d'une virgule placée en haut et à droite s'appelle D (prime).

le sens de la flèche f, quand elle est venue en OA_1 d'une part, elle a décrit un angle qui est la somme des deux angles droits AOH et HOA_1, et, d'autre part, elle a décrit un angle égal à la somme des trois angles AOB, BOC et COA_1. (Voy., p. 21, la définition d'un angle somme de plusieurs autres.)

Par conséquent, l'angle décrit étant à la fois égal à la somme des trois angles et à la somme de deux droits, et deux quantités égales à une troisième étant égales entre elles, cette somme des trois angles AOB, BOC et COA_1 vaut deux angles droits. C. Q. F. D.

Théorème. — *La somme des angles formés tout autour d'un point vaut quatre angles droits.*

En effet, si on prolonge AO en OA_1, la somme des trois angles AOB, BOC, COA_1 vaut deux droits. La somme des deux angles A_1OD et DOA vaut aussi deux droits (à cause du théorème précédent). Mais l'angle COD est par définition (voy. page 15) la somme des deux angles COA_1 et A_1OD.

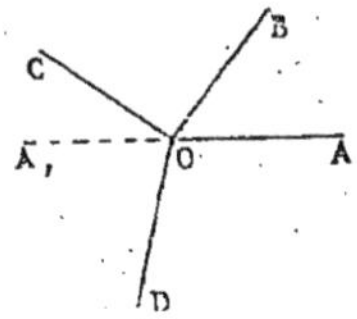

Par conséquent $AOB + BOC + COA_1 + A_1OD + DOA$ est égale à $AOB + BOC + COD + DOA$, donc égale à quatre angles droits. C. Q. F. D.

Fig. 24.

IV. — ANGLES OPPOSÉS PAR LE SOMMET.

Définition. — On appelle *angles opposés par le sommet* deux angles dont les côtés sont deux à deux en prolongement.

Ou encore : deux angles formés par deux droites indéfinies qui se coupent.

Ex. : les angles BAC et DAE.

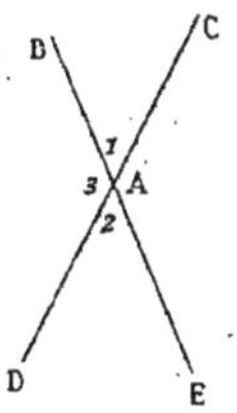

Théorème. — *Deux angles opposés par le sommet sont égaux.*

Désignons, pour abréger, par 1, 2, 3, les angles BAC, DAE et BAD. Si par la pensée nous cachons la demi-droite AE, la figure nous montre que l'angle 1 est le supplément de l'angle 3. — Mais, si nous cachons par la pensée la demi-droite AB, l'angle 2 sera le supplément de l'angle 3.

Or, deux angles supplémentaires d'un troisième sont égaux.

Donc les angles 1 et 2 sont égaux. C. Q. F. D.

Fig. 25.

Théorème. — *Quand deux angles non adjacents sont égaux, ont même sommet et, ayant deux côtés en ligne droite, sont situés de part et d'autre de cette ligne droite, les seconds côtés sont eux aussi en ligne droite.* — (En d'autres termes, quand deux angles égaux ont deux côtés en prolongement, et ont l'apparence d'angles opposés par le sommet, ils sont de vrais angles au sommet.)

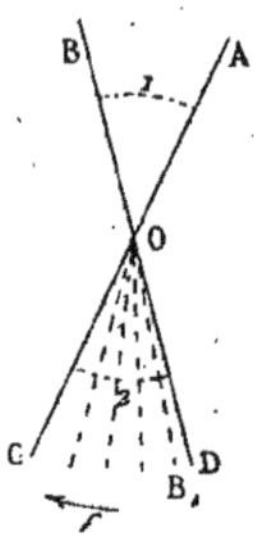

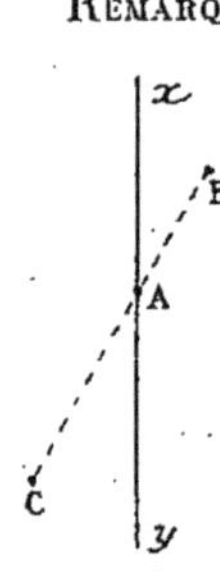

Fig. 26.

Soit AOC une vraie ligne droite. Au-dessus de AC menons une demi-droite OB faisant avec la demi-droite OA l'angle AOB. En dessous de AC considérons une demi-droite qui tourne autour de O dans le sens f, jusqu'à ce qu'elle fasse avec OC un angle COD égal à l'angle AOB.

Je dis que OD est le prolongement de OB.

En effet, supposons que le prolongement de OB soit une droite OB_1 autre que OD. Les angles COB_1 et AOB seraient égaux entre eux (comme opposés par le sommet). Et par conséquent $\widehat{COB_1}$ serait égal à $\widehat{COD}$[1]. Mais ce résultat est absurde (la partie n'étant pas égale au tout).

Donc cette supposition (le prolongement de OB droite autre que OD) nous conduisant à une impossibilité, nous devons la rejeter et nous devons admettre que le prolongement de OB est la droite OD elle-même. C. Q. F. D.

REMARQUE. — Ce théorème nous fournit évidemment un nouveau moyen détourné (autrement dit, une troisième méthode, voy. page 24 et page 26), pour prouver que deux droites d'une figure sont en prolongement ou encore pour prouver que trois points A, B, C d'une figure sont en ligne droite.

Car il suffira de prouver cette autre chose : qu'en menant les demi-droites AB et AC, puis menant par A une vraie droite indéfinie, les deux angles formés BAx et CAy sont égaux.

(Cette méthode est même souvent employée et on fera bien de tâcher de la retenir.)

Fig. 27.

Théorème. — *Les bissectrices de deux angles opposés par le sommet sont en prolongement.*

---

1. On représente souvent un angle AOB par la notation $\widehat{AOB}$, cet accent circonflexe placé sur les lettres indiquant qu'on parle de l'angle.

Soit à démontrer que la demi-droite OI a pour prolongement la demi-droite OI′, OI et OI′ étant les bissectrices des angles opposés par le sommet.

Ceci est un genre de question qu'il va nous être très facile de résoudre en nous appuyant sur la remarque précédente. Il suffira en effet (grâce à cette remarque) de prouver que les deux angles IOA et COI′ sont égaux.

Or, cela est vrai (car les moitiés des deux angles égaux AOB et COD sont égales).

Par conséquent IOI′ est une ligne droite. C. Q. F. D.

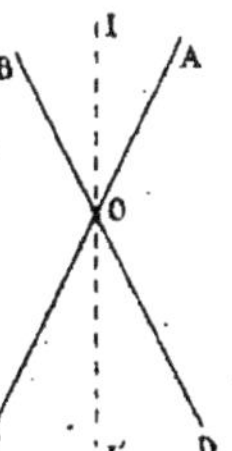

Fig. 28.

Théorème. — *Etant données deux droites indéfinies qui se coupent, si on mène les bissectrices des quatre angles formés, ces quatre bissectrices forment deux droites orthogonales*[1].

En effet : 1° elles sont deux à deux en prolongement;

2° Elles sont perpendiculaires entre elles (car les bissectrices des deux angles supplémentaires BOA et AOD sont à angle droit).

Donc, on a bien obtenu deux droites orthogonales, EE′ et II′. C. Q. F. D.

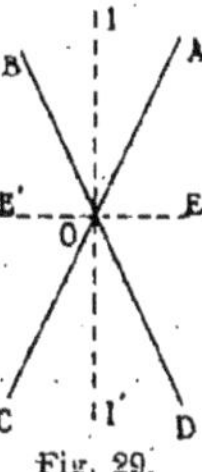

Fig. 29.

V. — Mesure des angles dans la pratique.

Les angles étant des grandeurs géométriques, il est naturel de chercher à les mesurer d'une façon pratique — absolument comme on a cherché à mesurer pratiquement les longueurs. On sait que les petites longueurs se mesurent toutes à l'aide d'un instrument qu'on appelle le double décimètre, et qu'on les évalue de la sorte, approximativement, à 1 millimètre près ou 1/2 millimètre près, le millimètre étant de la sorte l'unité de mesure adoptée. Il en va être de même des angles.

Pour mesurer les angles l'unité adoptée est *l'angle de 1 degré*, c'est-à-dire l'angle obtenu en partageant l'angle droit en 90 parties égales, et l'instrument spécial que l'on a inventé pour faire commodément cette mesure d'angle s'appelle le *rapporteur*.

---

1. On dit que deux demi-droites sont orthogonales quand elles forment un angle droit.

Cet instrument se compose d'un demi-cercle en cuivre ou en corne évidé dans le premier cas, plein dans le deuxième cas, dont le bord est partagé en 180 parties égales.

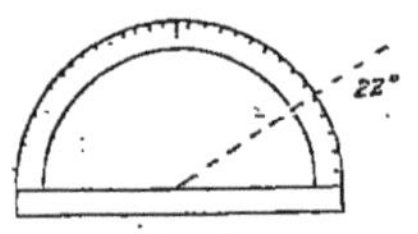
Fig. 30.

Pour s'en servir, on place le centre au sommet de l'angle AOB. On dirige le diamètre suivant l'un des côtés de l'angle, et on regarde alors par quelle division du limbe passe le second côté. Si cette division est la 22e, l'angle sera mesuré par le nombre 22.

Mais, à cause de la limite de visibilité qui est le 1/4 de millimètre, le *rapporteur* ne peut donner qu'approximativement la mesure d'un angle de même que le 1/2 décimètre ne peut donner qu'à 1/4 de millimètre près la mesure d'une longueur.

Un rapporteur dont le diamètre est de 1 décimètre ne peut dans cet ordre d'idées évaluer les angles qu'à 1/4 de degré près.

On a divisé (mais par la pensée seulement) l'angle d'un degré en 60 parties égales qu'on appelle des *minutes*.

La minute à son tour est partagée en 60 parties égales appelées des *secondes*.

Bien entendu, il n'est pas plus possible d'évaluer pratiquement un angle en minutes, qu'il n'est possible d'évaluer une longueur en 1/10 de millimètre. Aussi ces minutes ou ces secondes d'angles n'apparaissent-elles que quand on a soumis au calcul les angles évalués en degrés. Par exemple, quand on prend le tiers d'un angle de 26 degrés, on peut dire ou que cet angle est mesuré par le nombre 26/3, *le degré* étant l'unité, ou bien qu'il vaut 8 degrés + 2/3 de degré, c'est-à-dire 8 degrés + 2/3 de 60 minutes, c'est-à-dire enfin 8 degrés + 40 minutes.

Pour simplifier l'écriture, on représente les mots *degré, minute* et *seconde* par les trois signes conventionnels suivants : °, ′, ″.

Le résultat précédent s'écrira donc 8°40′.

On pourrait, de la même façon, avoir un angle de 22° 15′ 32″.

§ 2. — Des triangles.

On appelle **triangle** la figure formée par trois droites qui se coupent, chacune d'elles étant limitée aux points où elle rencontre les deux autres — points qu'on appelle *sommets* du triangle.

Dans un Δ [1] il y a six éléments, à savoir : trois côtés et trois angles.

Nous allons étudier les Δ dans l'ordre suivant :

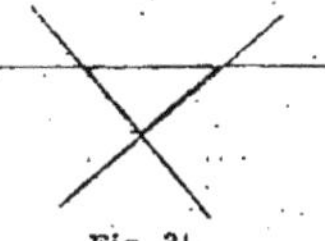

Fig. 31.

I. — Première propriété générale des Δ;

II. — Cas d'égalité des Δ;

III. — Δ isocèle;

IV. — Deuxième propriété générale des Δ.

On distingue différentes sortes de Δ :

Le **Δ scalène**, qui a ses trois côtés inégaux ;

Le **Δ isocèle**, qui a deux côtés égaux ;

Le **Δ équilatéral**, qui a ses trois côtés égaux ;

Le **Δ rectangle**, qui a un angle droit.

I. — Première propriété générale des triangles.

Dans tout triangle chaque côté est plus petit que la somme des deux autres.

(Cette propriété peut encore s'énoncer, si on veut, d'une autre façon : *chaque côté est plus grand que la différence des deux autres.*)

Considérons en effet un Δ ABC. Puisque nous admettons (comme évident, et ne pouvant se démontrer) que la ligne droite est le plus court chemin d'un point à un autre, le côté AB sera évidemment plus court que la somme des deux côtés AC et CB, ce qui s'écrit conventionnellement comme il suit [2] :

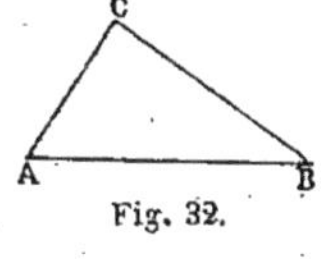

Fig. 32.

$$AB < AC + CB \quad (1).$$

---

1. Nous emploierons fréquemment le signe Δ pour remplacer le mot *triangle.*

2. Le signe > signifie *plus grand que*, et le signe < signifie *plus petit que.*

On aura de même :

$$BC < BA + AC \quad (2).$$
$$CA < CB + BA \quad (3). \qquad \text{C. Q. F. D.}$$

REMARQUE I. — Quand deux longueurs sont inégales, en leur ajoutant ou retranchant à chacune la même quantité, les résultats sont manifestement encore inégaux et dans le même ordre de grandeur. Par conséquent, si au premier membre de l'inégalité (1) on retranche AC (ce qui naturellement suppose AC moindre que AB), il faudra aussi retrancher AC au deuxième membre pour qu'on puisse affirmer que l'inégalité subsiste. Mais alors ce deuxième membre se réduit à CB. Donc, d'après la remarque précédente, l'inégalité (1) entraîne la suivante :

$$AB - AC < CB \quad (1)'.$$

Et réciproquement l'inégalité (1)' entraîne l'inégalité (1), car il suffirait d'ajouter AC aux deux membres.

Par conséquent les deux inégalités (1) et (1)' étant équivalentes, écrire l'une ou l'autre revient au même. — Quand donc on a écrit les trois inégalités (1), (2) et (3), celles où on parlerait de la différence de deux côtés sont absolument inutiles.

Si on ne connaît rien sur les grandeurs relatives des trois côtés, il faut absolument employer les relations (1), (2) et (3), relations qui s'écriront en abrégé comme il suit :

$$a < b + c,$$
$$b < c + a,$$
$$c < a + b.$$

a, b, c, désignant les nombres qui mesurent les côtés du $\triangle$ ABC, a étant le nombre qui mesure le côté BC opposé à l'angle A,

b —   —   CA   —   B,
c —   —   AB   —   C.

REMARQUE II. — Il est bien clair maintenant que si dans un $\triangle$ on savait, par exemple, que b est $> c$, a étant quelconque, on pourrait alors, mais alors seulement, écrire que l'on a :

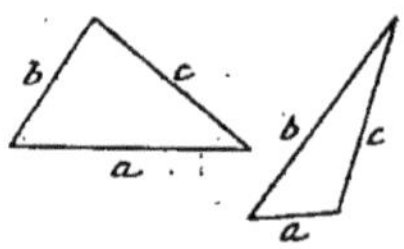

$$a < b + c \qquad \text{et } a > b - c,$$

car la troisième $c < b + a$ est une inégalité évidente par elle-même, donc inutile, et alors dire qu'*un côté est plus petit que la somme et plus grand que la différence des deux autres côtés.*

Fig. 33.

Remarque III. — De même, si dans un Δ on sait quel est le plus grand côté et quel est le plus petit, les inégalités précédentes se simplifieront encore davantage, et se réduiront à une seule, les autres étant évidentes.

En effet, si nous appelons p le petit côté, m le côté moyen et g le grand côté, des trois inégalités

$$g < m + p,$$
$$m < g + p,$$
$$p < m + g,$$

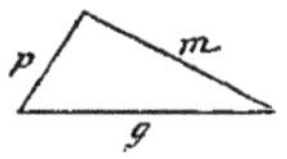

Fig. 34.

la première seule : $g < m + p$ doit être conservée, puisque m étant plus petit que g est *a fortiori* plus petit que $(g + p)$, p également est plus petit que $(m + g)$.

En résumé, quand on ne sait rien sur les trois côtés d'un Δ comme grandeur, il faut les trois inégalités primitives.

Quand on sait quel est le plus petit des trois côtés, il en faut deux.

Quand on sait l'ordre de grandeur des trois côtés, il en faut un.

N. B. — Si on voulait à toute force parler dans un Δ de la différence de deux côtés, b et c par exemple, on pourrait le faire, mais en écrivant cette différence avec deux traits verticaux, comme il suit : $a > |\,b - c\,|$, ce double trait vertical indiquant que l'on parle de la valeur absolue de la différence, cette différence étant effectuée dans l'ordre où elle est possible. Par conséquent, la notation symbolique (c'est-à-dire conventionnelle) $|\,b - c\,|$ indique aussi bien $(b - c)$ que $(c - b)$.

Définition de l'égalité de deux triangles.

On dit en géométrie plane que *deux figures géométriques sont égales quand, par un procédé quel qu'il soit, elles sont superposables*, tous les points de l'une des figures coïncidant par conséquent avec tous les points de la seconde.

Il résulte de là que dire que deux Δ sont égaux, c'est dire qu'ils peuvent être superposés. Mais alors il est clair que, les trois angles de l'un des Δ recouvrant exactement les trois angles de l'autre, les trois angles des deux Δ sont deux à deux égaux, et de même les trois côtés sont aussi deux à deux égaux. Donc, les six éléments du premier sont respectivement égaux à ceux du second (ou, comme on dit, sont égaux chacun à chacun).

La superposition de deux triangles ne peut quelquefois se faire qu'après qu'on a au préalable retourné l'un des Δ sur lui-même. On dit alors que les deux Δ sont, non plus *directement égaux*, mais *inversement égaux*.

Ce que nous venons de dire des Δ étant encore vrai pour deux figures planes géométriques quelconques, on voit donc qu'il y a, en géométrie plane, deux sortes de figures égales : les figures directement égales et les figures inversement égales (ces dernières ne pouvant se superposer qu'après un retournement préalable de l'une d'elles).

A quel caractère reconnaît-on que deux Δ donnés sont directement ou inversement superposables?

Considérons d'abord deux Δ exactement superposés l'un à l'autre; c'est-à-dire, comme on dit, égaux entre eux.

Si nous détachons par la pensée l'un des Δ de dessus l'autre, et si nous le plaçons à côté sans le retourner, il est clair que nous obtiendrons de la sorte deux Δ ABC et A′B′C′.

Or, si nous imaginons deux observateurs placés en B et B′, les pieds sur les Δ, et regardant tous deux l'intérieur des Δ, les côtés AB et A′B′ situés à leur gauche seront égaux, les côtés BC et B′C′ situés à leur droite le seront aussi, ainsi que les côtés placés en face.

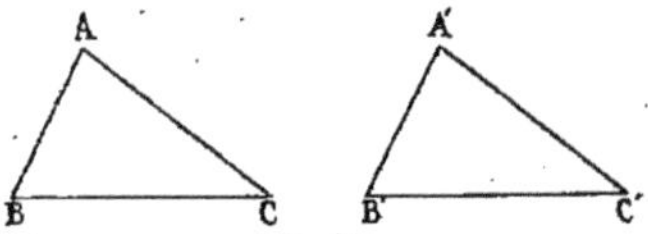

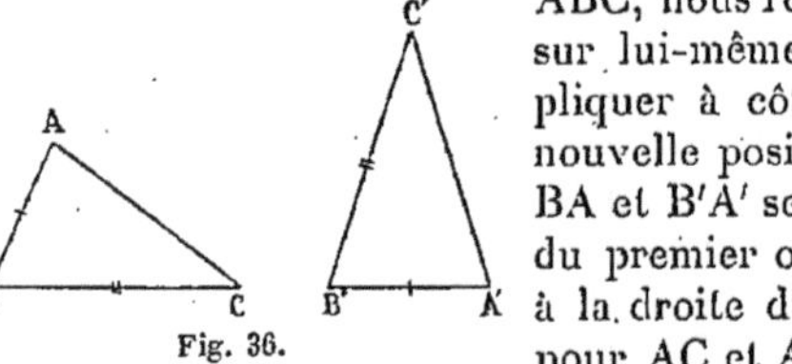

Fig. 35.

Seulement si, après avoir détaché le Δ A′B′C′ de dessus le Δ ABC, nous retournons ce Δ A′B′C′ sur lui-même avant que de l'appliquer à côté, alors, dans cette nouvelle position, les côtés égaux BA et B′A′ seront l'un à la gauche du premier observateur et l'autre à la droite du second. De même pour AC et A′C′. Par conséquent, les éléments égaux des deux Δ seront dans ces deux Δ disposés non plus dans le même ordre, mais en ordre inverse.

Fig. 36.

Les deux Δ auront encore évidemment leurs éléments égaux deux à deux et devront être appelés des Δ égaux. Seulement, si

on veut les superposer, on ne pourra le faire qu'après le retournement préalable de l'un d'eux.

Il sera, d'après cela, toujours facile, en songeant à nos deux
observateurs, de voir tout de suite si deux Δ donnés qui ont tous
leurs six éléments deux à deux égaux sont superposables directement ou par retournement, c'est-à-dire sont ou égaux directement ou égaux inversement.

II. — CAS D'ÉGALITÉ DES TRIANGLES.

On appelle **cas d'égalité des** Δ des théorèmes qui permettent
d'affirmer que deux Δ ont leurs six éléments deux à deux égaux
dès qu'on saura que trois seulement de ces éléments (éléments
convenablement choisis) sont égaux deux à deux.

Il faut bien remarquer que ici, dans notre définition, nous ne
nous inquiétons d'aucune façon de savoir si les Δ sont superposables, ni de quelle façon.

Il y a trois cas d'égalité des Δ :

**1er Cas. — Deux Δ sont égaux (c'est-à-dire ont tous
leurs éléments deux à deux égaux), quand ils ont un
angle égal compris entre deux côtés deux à deux égaux.**

**2º Cas. — Deux Δ sont égaux (c'est-à-dire ont tous leurs
six éléments deux à deux égaux), quand ils ont un côté
égal adjacent à deux angles égaux chacun à chacun.**

**3º Cas. — Deux Δ sont égaux (c'est-à-dire ont leurs six
éléments égaux), quand ils ont leurs trois côtés égaux
chacun à chacun.**

Les deux premiers cas, nous allons les démontrer par le raisonnement à l'aide d'une superposition (sans retournement ou après
retournement); quant au troisième cas, nous le démontrerons par
l'absurde, à l'aide d'un lemme [1] préalable.

DÉMONSTRATION DU PREMIER CAS D'ÉGALITÉ.

1º Supposons que l'on soit sûr que dans les deux Δ ABC et
A'B'C' on ait :
$$\hat{A} = \hat{A'},$$
$$AB = A'B',$$
$$AC = A'C',$$
les côtés reconnus égaux étant placés dans le même ordre sur

---

1. On appelle *lemme*, un théorème spécialement destiné à en démontrer
un autre.

les deux Δ par rapport aux deux observateurs dont nous avons parlé plus haut.

Sans retourner le deuxième Δ A′B′C′, transportons-le par la pensée sur le Δ ABC de façon à placer l'angle A′ sur son égal A. Le déplacement n'ayant pas altéré les longueurs, A′B′ coïncidant en direction avec AB, B′ tombera forcément en B (car sans cela A′B′

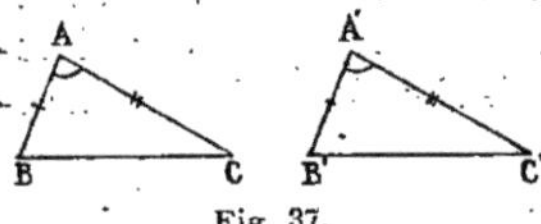

Fig. 37.

serait ou inférieur ou supérieur à AB, ce qui n'est pas).

De même C′ tombe en C, puisque A′C′ est égal à AC.

Donc les trois sommets doivent coïncider.

Et, comme conséquence, les troisièmes côtés BC et B′C′ seront égaux de même que les angles B et B′ d'une part, C et C′ d'autre part.

Donc, quand deux Δ ont un angle égal compris entre deux côtés égaux chacun à chacun et disposés dans le même ordre, les trois autres éléments des deux Δ sont aussi forcément deux à deux égaux entre eux.

2° Supposons maintenant que, dans les deux Δ ayant un angle égal compris entre deux côtés égaux, ces côtés égaux soient disposés en ordre inverse, ainsi que l'indique la figure, il suffirait de dire ceci :

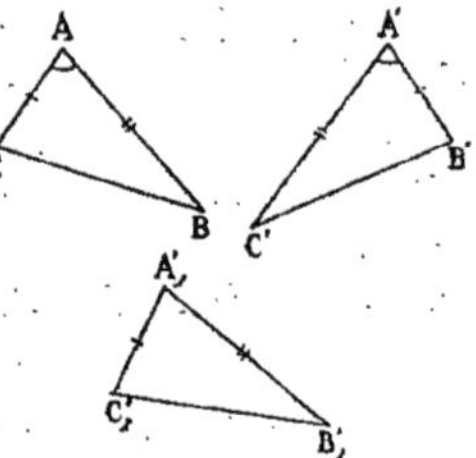

Fig. 38.

Retournons par la pensée le Δ A′B′C′ sur lui-même, opération qui n'altère ni les angles ni les longueurs. Cette opération amènera évidemment à droite le petit côté A′B′ qui était primitivement à gauche, et à gauche, le grand côté A′C′ qui était primitivement à droite. Dès lors les côtés égaux dans le Δ retourné A′₁B′₁C′₁ étant alors disposés dans le même ordre que dans le premier ABC, le raisonnement de tout à l'heure pourra se répéter et les deux Δ auront leurs trois autres éléments deux à deux égaux ; donc, dans les Δ proposés, cela aura lieu aussi.

En résumé, que les Δ aient leurs deux côtés égaux disposés dans le même ordre ou en ordre inverse, peu importe : les trois autres éléments seront forcément égaux deux à deux. Donc le théorème énoncé est vrai, sans restriction.

Deuxième cas d'égalité des triangles

Supposons que nous ayons dans les deux $\triangle$ ABC et A'B'C' :

$$AB = A'B',$$
$$\hat{A} = \hat{A}',$$
$$\hat{B} = \hat{B}',$$

les angles égaux étant adjacents aux côtés reconnus égaux.

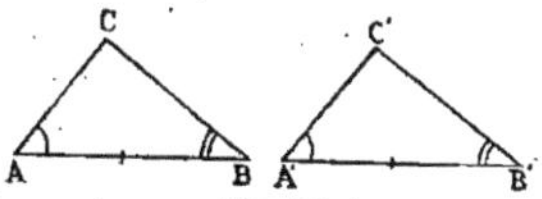

Fig. 39.

Deux cas pourront encore se présenter, selon que les angles égaux A et A' seront tous les deux à la gauche de deux observateurs placés aux milieux des côtés égaux AB et A'B', les angles B et B' étant tous deux à leur droite (*fig.* 1), ou selon que les angles A et A', d'une part, B et B', d'autre part, seront, l'un à gauche, l'autre à droite (*fig.* 2).

Prenons le premier cas, celui des éléments égaux disposés dans le même ordre. Si nous transportons par la pensée, sans le retourner, le $\triangle$ A'B'C' sur le $\triangle$ ABC, de façon que A' tombe en A et A'B' en AB, les deux angles en A' et en A étant égaux, A'C' s'applique de lui-même sur le côté AC et le point C' tombe quelque part sur cette droite AC ou en deçà ou au delà du point C ou au point C lui-même. Mais les deux angles en B' et en B étant égaux, B'C', de lui-même, prend forcément la direction de BC et C' doit tomber quelque part sur BC.

Le point C', devant tomber à la fois sur la droite AC et sur la droite BC, devra donc nécessairement tomber exactement au point C.

Ce qui prouve que les deux $\triangle$ coïncident forcément en tous leurs points, donc que tous les autres éléments sont aussi deux à deux égaux — ce qu'on exprime en disant que les deux $\triangle$ sont égaux.

Si maintenant nous prenons le deuxième cas, celui où les angles égaux sont disposés en sens contraire dans le $\triangle$ A'B'C'. — Il n'y aura qu'à retourner ce $\triangle$ A'B'C' sur lui-même, et on sera ramené au cas précédent. Donc, les six éléments seront encore deux à deux égaux.

En résumé, ici encore, nous ne devrons pas nous occuper de la place que les deux angles égaux occupent dans les deux $\triangle$ le long du côté égal ; les deux $\triangle$ auront, dans les deux cas, leurs six éléments égaux.   C. Q. F. D.

REMARQUE. — On devra dire qu'aux angles égaux sont opposés des côtés égaux, et qu'aux côtés égaux sont opposés des angles égaux.

Le lemme annoncé qui va servir à la démonstration du troisième cas d'égalité des Δ est le suivant :

Lemme. — *Quand deux Δ ont un angle inégal compris entre deux côtés égaux chacun à chacun (côtés placés dans le même ordre ou en ordre inverse), au plus grand angle est opposé le plus grand côté.*

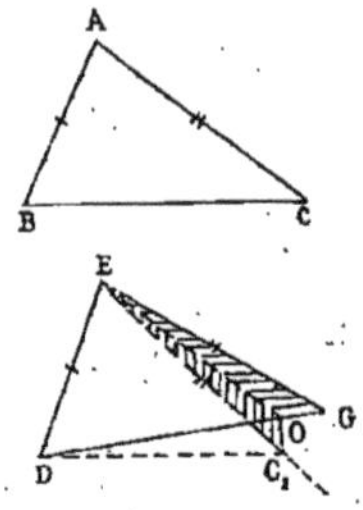

Soient les deux Δ ABC et DEG dans lesquels l'angle A est inférieur à l'angle DEG, AB étant égal à DE et AC à EG.

Je dis qu'il en résulte nécessairement BC $<$ DG.

Pour le démontrer, transportons par la pensée le Δ ABC sur le Δ DEG, de façon que AB coïncide avec ED. Puisque par hypothèse l'angle A est plus petit que l'angle E, il est clair que le côté AC devra forcément tomber dans l'intérieur de l'angle DEG. Supposons qu'il vienne en EC_1. Le Δ ABC sera venu en DEC_1, de telle sorte qu'il suffira maintenant de prouver que DC_1 est moindre que DG.

Fig. 40.

A cet effet, nous emploierons un artifice :

Nous mènerons la bissectrice EO de l'angle GEC_1 (angle qui existe forcément) et nous remarquerons que, les deux petits Δ formés étant égaux (à cause du deuxième cas d'égalité), $OG = OC_1$. Dès lors la figure nous montre que l'on a :

$$DC_1 < DO + OC_1,$$

c'est-à-dire : $DC_1 < DO + OG$ (puisque les deux chemins $DO + OC_1$ et $DO + OG$ sont égaux),

c'est-à-dire : $DC_1 < DG$.

Donc, en fin de compte, on a : $BC < DG$, et le théorème est démontré [1].

---

1. REMARQUE. — Le lemme précédent comporte un théorème réciproque qui est le suivant :

Théorème. — Quand deux Δ ont deux côtés égaux chacun à chacun et un troisième inégal, au plus grand côté est opposé le plus grand angle.

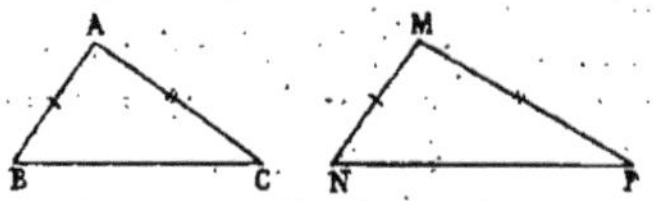

Soit : $AB = MN$,
$AC = MP$,
$BC < NP$.

Fig. 41.

Je dis que l'angle A est plus petit que l'angle M.

En effet : 1° L'angle A ne saurait être égal à l'angle M, puisque sans

Grâce à ce lemme, il va nous être facile maintenant de démontrer, par l'absurde (voy. page 13), le troisième cas d'égalité des Δ.

Soient les deux Δ ABC et A'B'C' où on a :

$$AB = A'B',$$
$$BC = B'C',$$
$$CA = C'A',$$

que les côtés égaux soient disposés dans le même ordre ou non.

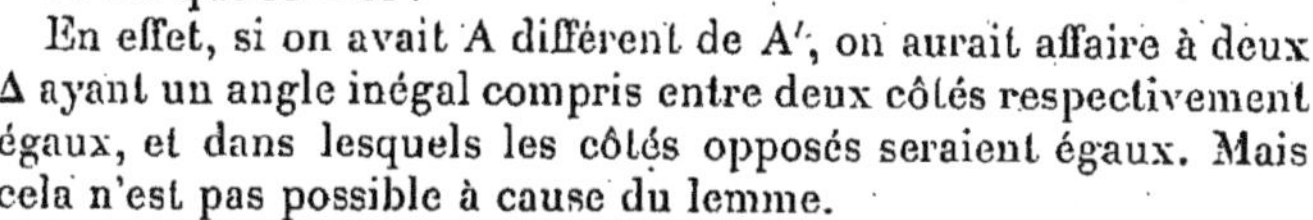

Fig. 42.

Je dis que $\hat{A} = \hat{A}'$.

En effet, si on avait A différent de A', on aurait affaire à deux Δ ayant un angle inégal compris entre deux côtés respectivement égaux, et dans lesquels les côtés opposés seraient égaux. Mais cela n'est pas possible à cause du lemme.

Donc, notre supposition (A différent de A') nous conduisant à une absurdité, nous ne pouvons pas supposer A différent de A'. Donc, il faut absolument que A soit égal à A'. — On prouverait de même que $\hat{B} = \hat{B}'$ et que $\hat{C} = \hat{C}'$. Donc, les deux Δ ont leurs six éléments deux à deux égaux; donc, sont ce qu'on appelle égaux.

Remarques très importantes.

Les cas d'égalité des Δ nous fournissent une **méthode générale** presque constamment employée dans toutes les questions (nombreuses du reste) où on a à démontrer par le raisonnement que **deux longueurs d'une figure sont égales** ou que **deux angles d'une figure sont égaux.**

Cette méthode que nous appellerons **méthode des deux Δ égaux** consistera à **considérer dans la figure deux Δ renfermant les longueurs ou les angles en question, Δ qui aient l'air d'être égaux, et dont on puisse effectivement prouver l'égalité, en montrant qu'ils satisfont à l'un des trois cas d'égalité précédents.**

On voit ici une nouvelle application de ce que nous avons

---

cela nous nous trouverions en présence de deux Δ ayant, comme on dit en abrégé, un angle égal compris entre deux côtés égaux et dans lesquels aux angles égaux ne seraient pas opposés des angles égaux.

2° L'angle A ne saurait être supérieur à l'angle M, car sans cela nous aurions affaire à un Δ ayant des angles inégaux compris entre deux côtés égaux chacun à chacun et dans lesquels, au plus grand angle, serait opposé le plus petit côté. Résultat impossible à cause du lemme.

Donc, $\hat{A}$ ne pouvant être ni égal ni supérieur à $\hat{M}$, cet angle A est forcément inférieur à l'angle M.   C. Q. F. D.

dit page 14, à savoir que, pour démontrer un théorème par la méthode analytique, *on démontre autre chose.*

Ici, au lieu de prouver que les longueurs sont égales ou que les angles sont égaux, on démontre autre chose, à savoir que deux Δ qui les renferment sont égaux.

Et il y a bien réciprocité, puisque, une fois que l'on aura vu que les Δ sont égaux, on pourra dire que les côtés opposés aux angles égaux sont égaux ou que les angles opposés aux côtés égaux sont égaux.

Donc, une fois qu'on aura pu démontrer l'égalité des Δ, le théorème ou problème proposé sera fait.

———

Il est aisé de voir tout le parti que l'on pourra tirer de cette méthode. Car beaucoup des nombreux théorèmes du cours, où on aura à vérifier que deux côtés ou deux angles sont égaux, pourront se démontrer de la même façon — d'où grand allégement pour la mémoire.

———

Le lemme du troisième cas d'égalité des Δ et sa réciproque vont nous donner aussi une **méthode** précieuse pour **démontrer les théorèmes où on a à prouver que deux longueurs sont inégales — ou que deux angles sont inégaux.**

Cette méthode, qui réussit très souvent, consistera à **faire entrer les longueurs ou les angles en question dans deux Δ ayant deux côtés égaux chacun à chacun, et ou deux angles inégaux, ou deux troisièmes côtés inégaux; d'où encore grande simplification.**

———

III. — Etude du triangle isocèle.

Définition. — On appelle Δ isocèle, un Δ qui a deux côtés égaux. Le côté qui n'a pas même longueur que les deux autres s'appelle la *base du Δ isocèle.*

On appelle *hauteur* dans un Δ quelconque la perpendiculaire menée d'un sommet sur le côté opposé.

On appelle *médiane* dans un Δ la droite qui va d'un sommet au milieu du côté opposé.

———

Propriétés du triangle isocèle.

Théorème. — *Dans tout $\triangle$ isocèle :*

1° Les angles à la base sont égaux;
2° La médiane qui correspond à la base est à la fois bissec-trice et hauteur.

1° Soit ABC un $\triangle$ isocèle, c'est-à-dire un $\triangle$ où AB $=$ AC.
Je dis que les angles B et C sont égaux.

Nous avons ici à prouver que deux angles sont égaux. C'est le cas d'employer la méthode que nous avons indiquée page 39, et, comme dans la figure il n'y a pas deux $\triangle$ renfermant l'un l'angle B, l'autre l'angle C, il faut en créer.

A cet effet, il n'y a qu'à joindre A au milieu M de BC, et à démontrer, non plus que $\hat{B} = \hat{C}$, mais que les deux $\triangle$ formés ABM et ACM sont égaux.

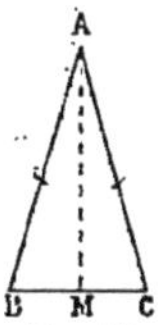

Par hypothèse, on a : AB $=$ AC.
Par construction, on a : BM $=$ MC.
Mais AM est un côté commun.

Fig. 43.

Donc ces deux $\triangle$ ont trois côtés égaux — donc, à cause du troisième cas d'égalité, ils sont égaux. Donc aux côtés égaux sont opposés des angles égaux. Donc $\hat{B} = \hat{C}$. C. Q. F. D.

2° Soit ABC un $\triangle$ isocèle, c'est-à-dire un $\triangle$ où AB $=$ BC.
Soit M le milieu de BC. Je dis que cette médiane AM est hauteur.

Pour cela, il faut démontrer que les deux angles en M sont égaux. A cet effet, nous allons de nouveau employer la méthode de la page 39 et démontrer autre chose, à savoir que les deux $\triangle$ ABM et AMC sont égaux (ce qui sera facile).

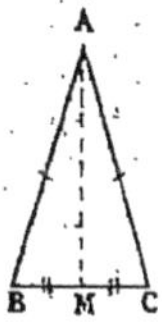

Fig. 44.

Remarque. — On pourrait, à l'aide de la même mé-thode des deux $\triangle$ égaux, démontrer la réciproque sui-vante :

Dans un $\triangle$ isocèle la bissectrice qui aboutit à la base est : 1° médiane; 2° hauteur.

Théorème réciproque. — *Quand un Δ a deux angles égaux, il est isocèle.*

Soit ABC un Δ dans lequel on suppose[1] que $\hat{B} = \hat{C}$.

Je dis que AB $=$ BC.

Si on essayait ici d'employer la méthode des deux Δ égaux, elle ne réussirait pas; car on aurait bien encore avec la médiane AM deux Δ, ayant un angle égal et deux côtés égaux, mais on ne saurait affirmer que ces Δ sont égaux, car le théorème exige que l'angle égal soit *compris* entre les deux côtés respectivement égaux[2].

Il faut donc employer un *artifice* (et ici, la démonstration doit être apprise par cœur isolément). L'artifice est le suivant :

Retournons par la pensée le Δ ABC, et transportons le Δ ainsi retourné, à côté du Δ proposé. Si avec un crayon on suit le contour de ce Δ retourné, on aura évidemment un deuxième Δ A'C'B', dans lequel C'B' $=$ CB, $\hat{C}' = \hat{C}$ et $\hat{B}' = \hat{B}$, A'B' étant égal à AB, et A'C' égal à AC.

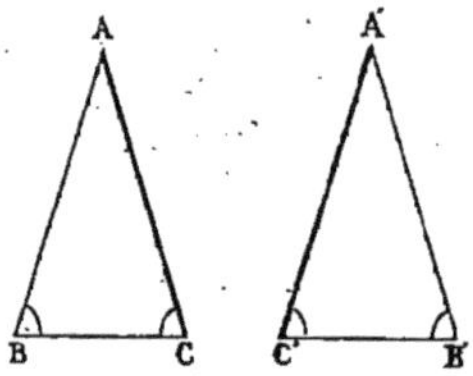

Fig. 45.

Cela posé, si sans retourner le Δ A'B'C' on le transporte sur le Δ ABC de façon que C' s'applique en B, C'B' coïncidant avec BC, le sommet B' tombera forcément en C (puisque C'B' $=$ BC).

Mais $\hat{C}' = \hat{B}$ (puisque $\hat{C}' = \hat{C}$ et que $\hat{C} = \hat{B}$).

Donc C'A' prendra forcément la direction de BA, et A' tombera quelque part sur BA ou sur son prolongement.

D'un autre côté, les angles B' et C étant égaux, B'A' s'applique forcément sur CA et A' doit tomber quelque part sur CA, ou sur son prolongement.

Mais il est impossible que A' doive tomber à la fois sur BA et sur CA sans qu'il tombe en A.

Donc, A' tombant en A, A'C' recouvre exactement BA.

Donc C'A' est égal à BA.

Mais C'A' a même longueur que CA.

Donc aussi CA est égal à BA.

Donc le Δ ABC est forcément isocèle.   C. Q. F. D.

---

1. *Supposer* veut dire *supposer qu'on est sûr.*

2. On démontrera plus tard par une construction géométrique que, quand l'angle égal n'est pas compris entre les côtés égaux, il y a deux Δ inégaux répondant à la question, sauf quand l'angle est droit ou obtus.

Remarque importante.

La réciproque que nous venons de démontrer va nous donner une **nouvelle méthode** assez fréquemment employée dans la démonstration des théorèmes, où on demande de **prouver que deux droites ayant une extrémité commune sont égales.**

Cette méthode (que nous appellerons **méthode du Δ isocèle**) consistera à démontrer que **les angles à la base du Δ que forment les deux longueurs en question sont égaux.**

Par conséquent, **pour démontrer l'égalité de deux longueurs** d'une figure, nous avons actuellement deux méthodes à notre disposition :

1° **La méthode des deux Δ égaux;**
2° **La méthode du Δ isocèle.**

L'examen de la figure montrera, en général assez vite, à laquelle de ces méthodes il faudra donner la préférence.

L'étude du Δ isocèle nous conduit rapidement à l'étude du Δ *équilatéral.* On appelle ainsi un Δ qui a ses trois côtés égaux.

Il est clair que dans un Δ équilatéral ABC on peut prendre pour base n'importe quel côté. Par exemple, si on remarque que AB = BC, AC sera la base et alors les angles à la base A et C seront égaux, et la médiane AM' sera à la fois bissectrice et hauteur.

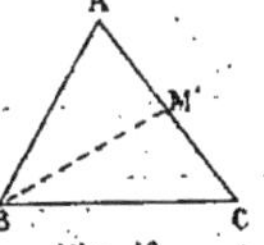

On pourra donc énoncer le théorème suivant :
Dans un Δ équilatéral : 1° Tous les angles sont égaux[1];
2° Chaque médiane est à la fois bissectrice et médiane;
3° Les trois médianes sont égales entre elles.

IV. — Deuxième propriété générale d'un triangle.

Théorème. — *Dans tout Δ, au plus grand angle est opposé le plus grand côté.*

---

1. Au lieu de dire qu'un Δ a ses trois angles égaux, on dit souvent qu'il est *équiangle.*

Supposons que dans le $\triangle$ ABC on ait $\hat{A} > \hat{B}$. Je dis que l'on a BC > AC.

Pour le démontrer, remarquons que, l'angle A étant supérieur à l'angle B, on peut toujours mener dans l'intérieur de l'angle A une demi-droite AX faisant avec AB un angle XAB égal à l'angle B.

Mais alors le $\triangle$ formé AOB ayant deux angles égaux sera isocèle, et on aura :
$$AO = BO.$$

Cela posé, on a AC < OC + OA,

et par conséquent aussi AC < OC + OB, donc AC < CB.

C. Q. F. D.

Théorème. — *Dans tout $\triangle$, au plus grand côté est opposé le plus grand angle.*

Soit dans un $\triangle$ CB > AC. Je dis que l'on a : $\hat{A} > \hat{B}$.

En effet, trois suppositions sont possibles, à savoir :
$$\hat{A} = \hat{B}, \quad \text{ou } \hat{A} < \hat{B}, \quad \text{ou } \hat{A} > \hat{B}.$$

La première supposition ($\hat{A} = \hat{B}$) est à rejeter. Car sans cela on aurait sous les yeux un $\triangle$ ayant deux angles égaux et dans lequel les côtés opposés seraient inégaux, ce qui est en contradiction avec le théorème précédent (page 42).

La deuxième supposition ($\hat{A} < \hat{B}$) est aussi à rejeter. Car sans cela on aurait affaire à un $\triangle$ ayant deux angles inégaux et dans lequel, au plus petit angle, serait opposé le plus grand côté, ce qui est en contradiction avec le théorème précédent.

La troisième supposition ($\hat{A} > \hat{B}$) est donc la seule possible. Et nous devons donc dire que, au plus grand côté, est opposé le plus grand angle.

C. Q. F. D.

§ 3. — Des perpendiculaires et obliques à une droite

Nous avons vu qu'*une droite est dite perpendiculaire* à une autre quand elle forme avec elle deux angles adjacents égaux, angles qu'on appelle *angles droits* ou *angles de* 90°.

On dit qu'une droite est *oblique à une autre droite* quand elle forme avec elle deux angles adjacents inégaux, le plus petit s'appelant un *angle aigu* (angle plus petit que 90°), le plus grand s'appelant un *angle obtus* (angle supérieur à 90°).

Nous adopterons, dans l'étude des pp. et obliques, l'ordre suivant :

I. — Façon de mener une pp. d'un point à une droite ;
II. — Propriétés des pp. et obliques ;
III. — Cas d'égalité des Δ rectangles ;
IV. — De quelques lieux géométriques.

I. — PERPENDICULAIRE MENÉE D'UN POINT A UNE DROITE.

Théorème I. — *Par un point A pris sur une droite indéfinie* XY *on peut toujours lui mener une demi-droite pp., et une seule.*
(Nous avons déjà traité cette question page 22).

Théorème II. — *Par un point O pris hors d'une droite* XY, *on peut toujours lui mener une droite pp., et on n'en peut mener qu'une seule.*

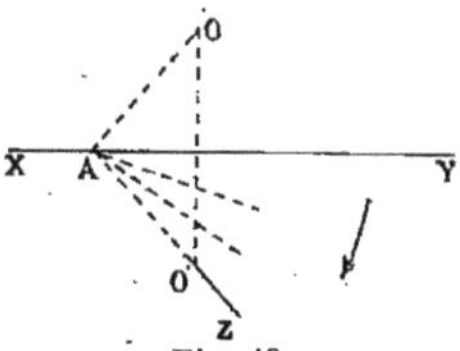

Il y a de nombreuses façons d'obtenir une droite passant par le point O pp^t à XY.

Le premier procédé consiste en ceci : mener du point O une demi-droite quelconque OA ; puis, en dessous, mener une demi-droite AZ, telle que l'angle YAZ soit égal à l'angle OAY ; enfin, prendre sur AZ une longueur AO' égale à AO, et joindre OO'.

Fig. 49.

Pour prouver que OO' est pp. à XY, il suffit de regarder attentivement la figure en se rappelant les diverses phases de la construction, et remarquant que dans tout Δ isocèle la bissectrice est hauteur.

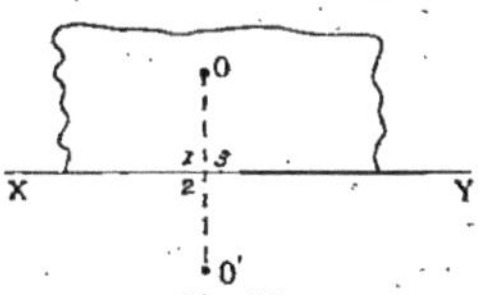

Un second procédé est le suivant (dit procédé de la tache) :

Fig. 50.

Il consiste à replier par la pensée la partie supérieure du plan autour de XY. Le point O venant alors en un certain point O', on relève, et on joint OO'.

Pour prouver que OO′ est pp. à XY, il faut prouver que les angles 1 et 3 sont égaux. — Or, l'examen attentif de la figure nous montre que les angles 1 et 2 sont égaux (puisqu'ils ont coïncidé). Or $\hat{3}=\hat{2}$. Donc $\hat{1}=\hat{3}$. — Donc OO′ est pp. à XY.

Il y a encore d'autres procédés que nous verrons plus tard.

Donc, la première partie du théorème est amplement démontrée.

Pour démontrer la deuxième partie, remarquons que chacun des procédés indiqués plus haut ne donne qu'une pp. Mais il n'est pas prouvé du tout que chacun de ces procédés ne donne pas une pp. différente. Je vais démontrer qu'il n'en est rien.

A cet effet, nous allons établir le lemme suivant :

Lemme. — *Quand on replie une figure autour d'une droite, toute demi-droite pp. à l'axe de rotation vient s'appliquer sur son prolongement.*

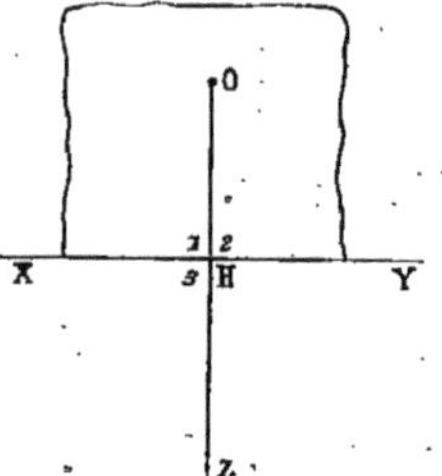

Fig. 51.

Soit OH une demi-droite pp. à XY et soit OZ son prolongement. Replions autour de XY.

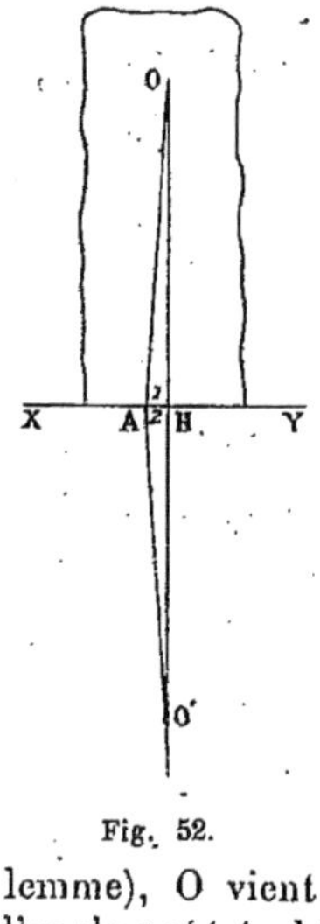

Angle 1 = angle 2 (puisque OH est pp.).

Or $\hat{2}=\hat{3}$ (comme opposés par le sommet).

Donc $\hat{1}=\hat{3}$.

Et par conséquent les deux côtés de l'angle 1 doivent coïncider avec les deux côtés de l'angle 3. Mais XH ne bouge pas. Donc OH doit s'appliquer exactement sur HZ.

C. Q. F. D.

Ce lemme établi, il est facile de prouver qu'il n'y a pas deux droites issues de O et pp. à XY.

En effet, soit OH la pp. obtenue par l'un des procédés précédents.

Si nous prenons une demi-droite OA située à gauche de OH, l'angle formé 1 ne saurait être droit. Car si nous replions, OH s'appliquant sur le prolongement HZ (à cause du lemme), O vient en un point O′ de HZ, OA vient en O′A, et l'angle 1 est égal à l'angle 2.

Fig. 52.

Donc, si l'angle 1 valait 90°, l'angle 2 en valant aussi 90, nous aurions dans cette figure deux angles supplémentaires adjacents, et dont les côtés non communs ne seraient pas en prolongement. Résultat impossible (à cause du théorème antérieurement démontré page 25).

Donc, nous ne pouvons pas supposer que l'angle 1 vaut 90°.

Donc, aucune droite à gauche de OH n'est pp.

Idem pour les demi-droites situées à droite de OH.

Donc, il ne peut y avoir qu'une seule pp. issue du point O sur la droite XY.

Ce qui démontre la deuxième partie du théorème.

II. — PROPRIÉTÉS RELATIVES DES PERPENDICULAIRES ET OBLIQUES.

Théorème I. — *Quand d'un point O extérieur à une droite XY, on mène une pp. OH et une oblique OA, la pp. est plus courte que l'oblique.*

En effet, si on replie la partie supérieure du plan, OH s'applique sur son prolongement HZ (à cause du lemme). Donc O vient en un point O' de HZ. Et par conséquent OA vient en O'A.

Mais alors la figure nous montre clairement que l'on a : OHO' < OAA'.

On en déduit que la moitié de OHO' est inférieure à la moitié de OAA', c'est-à-dire que OH est < OA.   C. Q. F. D.

Théorème II. — *Deux obliques également écartées du pied de la pp. sont égales.*

Soit OH une pp. Soit de plus BH = CH.

Je dis que OB = OC.

On pourrait le démontrer par la méthode des Δ égaux. — On peut aussi le démontrer en repliant la figure autour de OH comme charnière (démonstration facile).

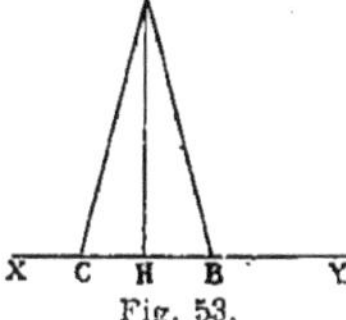

Fig. 53.

Théorème III. — *Quand deux obliques sont inégalement écartées du pied de la pp., elles sont inégales, et la plus grande est celle qui s'en écarte le plus.*

Pour démontrer cette propriété, nous allons nous appuyer sur le lemme suivant :

Lemme. — *Toute ligne brisée convexe* [1] *enveloppée est plus petite que toute ligne brisée convexe ou concave enveloppante, ces deux lignes ayant mêmes extrémités.*

Soit ACDB une ligne brisée convexe enveloppée par la ligne brisée AMNB. Prolongeons AC et CD jusqu'aux points où elles rencontrent la ligne enveloppante. On aura évidemment :

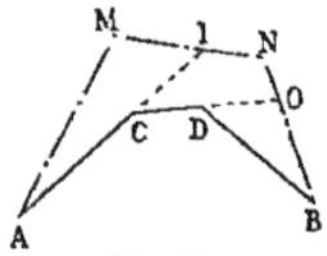

$$AC + CI < AM + MI,$$
$$CD + DO < CI + IN + NO,$$
$$DB < DO + OB,$$

Fig. 55.

ou en ajoutant membre à membre :

$$AC + CI + CD + DO + DB < AM + MI + CI + IN + NO + DO + OB.$$

Mais les lignes de construction CI et DO peuvent disparaître (car il suffit de diminuer les deux membres de CI + DO) et il restera :

$$AC + CD + DB < AM + MI + IN + NO + OB,$$

c'est-à-dire : $ACDB < AMNB.$ C. Q. F. D.

———

Ce lemme démontré, considérons la pp. OH et les deux obliques OA et OB telles que AH < BH.

Je dis que l'on a : OA < OB.

Pour le prouver, prenons HA′ = HA. Comme OA′ = OA, tout revient à prouver que l'on a : OA′ < OB.

Or, si nous replions autour de XY, OH venant sur son prolongement HZ, O vient en O′, OA′ en O′A′ et OB en O′B. Mais on a : OA′O′ < OBO′ (ligne enveloppée et enveloppante).

Fig. 56.

Donc : $\dfrac{1}{2}OA'O' < \dfrac{1}{2}OBO',$

donc : $OA' < OB.$ C. Q. F. D.

———

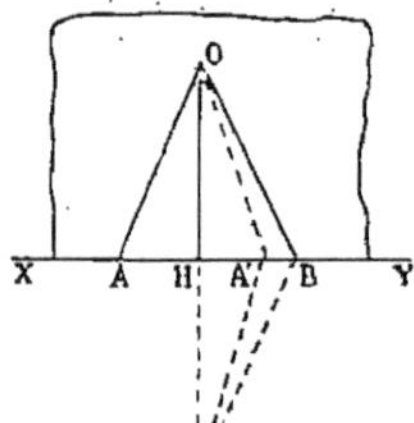

1. On dit qu'une ligne brisée est *convexe* quand elle est tout entière d'un même côté de l'un quelconque de ses éléments prolongé indéfiniment. Elle est *concave* quand il y a un élément au moins qui, prolongé, traverse la ligne brisée, c'est-à-dire en laisse une partie d'un côté et l'autre de l'autre. Ainsi la figure (1) est convexe et la figure (2) est concave.

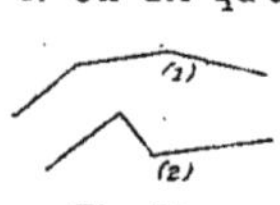

Fig. 54.

Les trois théorèmes précédents donnent naissance à trois réciproques, qui peuvent toutes se démontrer par l'absurde.

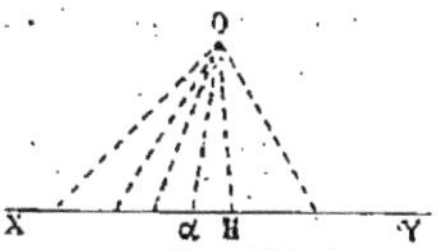

Réciproque I. — *La plus courte de toutes les demi-droites allant d'un point extérieur à une droite est la pp.*

En effet, soit $O\alpha$ la plus courte des droites allant de O à XY. Si $O\alpha$ n'était pas la pp. et si cette pp. était une autre droite OH, $O\alpha$ serait une oblique, et cette oblique $O\alpha$ serait plus courte que la pp. OH.

Fig. 57.

N. B. — La pp. menée d'un point sur une droite s'appelle, par définition, la *distance du point à la droite* (car c'est la distance minimum).

Réciproque II. — *Deux obliques égales sont également écartées du pied de la pp.*

Réciproque III. — *Deux obliques inégales sont inégalement écartées du pied de la pp. et la plus grande est celle qui s'en écarte le plus.*

(Démonstrations faciles par l'absurde.)

Remarque. — On peut donner de la réciproque II la démonstration directe suivante : soient OH une pp., OA et OB deux obliques égales.

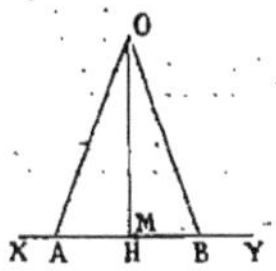

Si HA n'était pas égal à HB, en d'autres termes si H n'était pas le milieu de AB, ce milieu serait un autre point, appelons-le M ; mais alors, dans le $\triangle$ isocèle OAB, la médiane MO étant une pp. ; du point O partiraient deux pp. sur XY, à savoir OH et OM, ce qui est impossible ; donc le milieu de AB ne peut être qu'au point H, ce qui prouve bien que, quand deux obliques sont égales, elles sont également éloignées du pied de la pp.

Fig. 58.

Remarque. — Cette démonstration par l'absurde serait celle qu'il faudrait employer pour prouver que dans un $\triangle$ isocèle la hauteur est médiane.

III. — CAS D'ÉGALITÉ DES TRIANGLES RECTANGLES.

Les théorèmes précédemment établis, sur les propriétés des pp. et obliques, vont nous permettre d'établir de nouveaux cas d'égalité de Δ.

On appelle Δ *rectangle* un Δ qui a un angle de 90°.

Dans les deux premiers cas d'égalité des Δ quelconques (page 35), les angles supposés deux à deux égaux devaient être disposés d'une certaine façon. Dans le premier cas, les deux angles égaux doivent être adjacents au côté égal, et, dans le deuxième cas, l'angle égal doit être compris entre les deux côtés égaux. — Nous allons montrer que quand le Δ est rectangle cela n'est plus nécessaire, et nous allons énoncer les deux nouveaux cas particuliers d'égalité suivants :

Théorème I. — *Deux Δ rectangles sont égaux quand ils ont l'hypoténuse égale et un angle adjacent égal.*

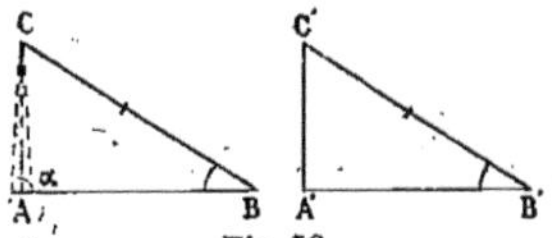

Soient les deux Δ rectangles ABC et A'B'C' dans lesquels on suppose :
$$BC = B'C' \text{ et } \hat{B} = \hat{B}'.$$

Fig. 59.

Transportons par la pensée le deuxième Δ sur le premier, de façon que B'C' s'applique sur BC. Le côté B'A', de lui-même, prendra la direction de BA (puisque $\hat{B}' = \hat{B}$) et par conséquent le point A' viendra en un point de BA. Or, s'il tombait en un point α autre que A, C'A' venant en Cα, du point C partiraient deux pp. sur AB, ce qui est impossible.

Donc il faut que A' tombe en A et par conséquent les deux Δ coïncident, donc sont égaux.   C. Q. F. D.

Théorème II. — *Deux Δ rectangles sont égaux quand ils ont l'hypoténuse égale et un côté de l'angle droit égal.*

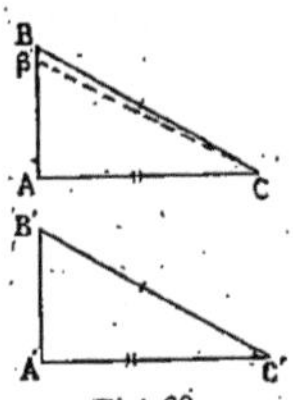

Soit dans les deux Δ rectangles :
$$BC = B'C',$$
$$AC = A'C'.$$

Fig. 60.

Transportons encore par la pensée le deuxième Δ sur le premier, mais de façon que A'C' s'applique sur AC.

Les deux angles droits étant égaux, A'B' de lui-même prendra la direction AB, et le sommet B' tombe quelque part sur AB.

Or s'il tombait en un point β autre que B, Cβ étant égal à CB, on aurait deux obliques égales qui s'écarteraient inégalement du pied de la pp. — Donc cette supposition (B' tombant ailleurs qu'en B) est à rejeter. Donc B' doit tomber en B.

Donc les deux Δ doivent se superposer, c'est-à-dire être égaux.   C. Q. F. D.

REMARQUE. — Nous verrons plus loin que quand deux Δ ont deux côtés égaux chacun à chacun, et un angle *obtus* égal (non compris entre les côtés égaux), de pareils Δ sont encore égaux.

N. B. — **Ces deux nouveaux cas d'égalité nous fournissent évidemment une nouvelle méthode pour prouver que dans une figure deux longueurs sont égales ou que deux angles sont égaux. Il suffit de les faire entrer dans deux Δ rectangles dont on puisse prouver l'égalité.**

IV. — ÉTUDE DE QUELQUES LIEUX GÉOMÉTRIQUES.

Définition. — On appelle, en géométrie plane, *lieu géométrique*, une ligne (ou un ensemble de plusieurs lignes) dont tous les points ont une même propriété, cette propriété n'appartenant pas aux points pris en dehors.

Un lieu géométrique se compose toujours d'une infinité de points.

(La ligne dont les points ont la propriété en question s'appelle un lieu géométrique, parce qu'elle indique les différents lieux ou endroits où il faut placer un point pour qu'il possède cette propriété.)

Les lieux géométriques diffèrent entre eux par l'énoncé de la propriété que doivent avoir les points.

RÈGLE. — Pour découvrir la nature de la ligne qui est le lieu géométrique demandé, **on transforme toujours la propriété d'un point du lieu en une autre nouvelle propriété telle que le lieu devienne évident.**

Ex. 1. — Proposons-nous de découvrir le *lieu des points également distants de deux points donnés* A *et* B.

On raisonnera comme il suit :

Soit M un point du lieu, c'est-à-dire un point tel que MA = MB.

Si cela a lieu, la figure nous montre que le Δ MAB est isocèle. Or en songeant naturellement aux diverses propriétés connues du Δ isocèle, il y en a une (celle qui dit que la médiane MO est hauteur) qui nous fait voir immédiatement que le point M est sur la pp. menée en O au milieu de la droite AB.

Donc, tout point M du lieu a en même temps cette autre propriété qu'il se trouve sur la pp. XX' menée à la droite AB en son milieu. Donc, *tous les points du lieu sont sur cette pp., et nulle part ailleurs.*

Seulement il pourrait y avoir peut-être des points de cette pp. qui ne seraient pas des points du lieu [1] (auquel cas le lieu ne serait pas la pp. tout entière).

Pour le voir, prenons un point quelconque μ, par exemple, sur cette pp., et voyons si ce point μ est un point du lieu, c'est-à-dire si ce point μ est à égale distance de A et de B.

Il le sera. Car μA et μB sont deux obliques également écartées du pied O de la pp.

Par conséquent, non seulement tous les points ayant la propriété énoncée sont sur cette pp. OXX' et nulle part ailleurs, mais encore il n'y a pas un point de cette pp. qui n'ait pas cette propriété.

Donc le lieu cherché est la pp. XX' tout entière. Donc :

Théorème. — *Le lieu géométrique des points également distants de deux points fixes est la pp. élevée en son milieu à la droite qui joint ces deux points.*

Fig. 61.

Ex. 2. — Proposons-nous de découvrir *le lieu géométrique des points situés à égale distance des deux côtés d'un angle donné ABC.*

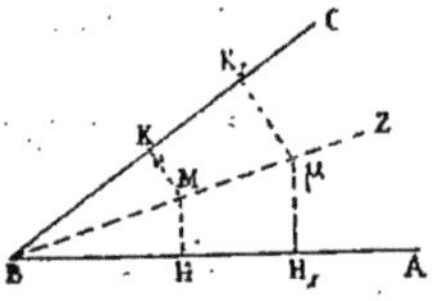

Nous raisonnerons encore comme il suit :

Soit M un point du lieu, c'est-à-dire un point également distant des deux côtés de l'angle, c'est-à-dire un point tel que les deux pp. MH et MK soient égales entre elles.

Fig. 62.

Si cela a lieu, la figure nous montre immédiatement que, en joignant MB, les deux Δ rectangles formés MBH et MBK sont égaux (hypoténuse égale et un côté égal). Par conséquent,

---

1. La comparaison suivante fera bien comprendre la nécessité de ce raisonnement : tous les soldats d'une compagnie sont sur la route qui relie deux villages. Mais en un point quelconque de la route, y a-t-il forcément un soldat ?

les deux angles en B sont égaux, et alors une *nouvelle propriété du point* M du lieu apparaît : non seulement M est à égale distance des deux côtés de l'angle, mais encore, en le joignant au sommet B, on obtient une droite bissectrice de l'angle.

Dès lors, comme un angle n'a qu'une bissectrice, *tous les points du lieu doivent se trouver sur cette bissectrice, et nulle part ailleurs.*

Pour affirmer que le lieu se compose de la bissectrice tout entière, il nous faudra maintenant encore démontrer qu'un point quelconque de cette bissectrice est un point du lieu, c'est-à-dire a la propriété primitive d'être également distant des deux côtés de l'angle.

Or cela est évident, car si du point quelconque μ pris sur la bissectrice on mène les deux pp. μH_1 et μK_1, ces deux pp. seront égales (les $\triangle$ rectangles formés $\mu H_1 B$ et $\mu K_1 B$ ayant l'hypoténuse égale et un angle aigu égal).

Donc, non seulement tous les points du lieu sont sur la bissectrice et nulle part ailleurs, mais encore il n'y a pas un point de cette bissectrice qui ne soit un point du lieu.

Donc on peut énoncer le théorème suivant :

Théorème. — *Le lieu géométrique des points à égale distance des deux côtés d'un angle est la bissectrice de cet angle.*

Ex. 3. — *Le lieu géométrique des points à égale distance de deux droites qui se coupent est l'ensemble des deux bissectrices des angles que forment ces deux droites (c'est-à-dire la croix bissectrice).*

Soient en effet les deux droites AA' et BB' qui se coupent en O. Si nous menons les quatre bissectrices des quatre angles formés, nous savons (théorème précédent) que tous les points de Ox, de Oy, de Ox', de Oy', sont à égale distance des deux côtés des angles et qu'il n'y a qu'eux.

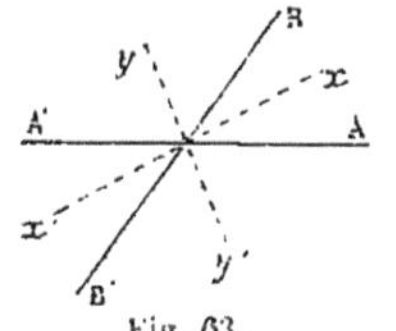

Fig. 63.

D'ailleurs, ces quatre demi-droites sont en prolongement (page 29).

Donc le lieu demandé se compose de ces deux droites orthogonales xx' et yy' (droites qu'on appelle parfois la croix bissectrice).

REMARQUE. — Quand la nature du lieu géométrique est indiquée d'avance et qu'on veut le vérifier, on peut procéder d'une autre façon : 1° prouver que tous les points de cette ligne ont la propriété en question, 2° qu'un point en dehors ne l'a pas.

Et cela sera facile.

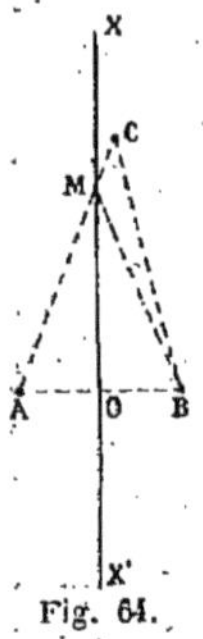

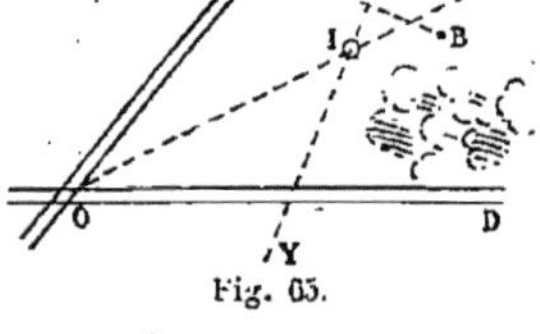

Car, pour un point M pris sur XX′, les deux droites MA et MB sont des obliques égales (comme également écartées).

Et, d'un autre côté, si on prend un point C à droite par exemple de XX′, la droite CA rencontrant nécessairement XX′ en un certain point M, on a : $\qquad$ CB < CM + MB, donc, comme MB = MA, on a : CB < CM + MA, c'est-à-dire : CB < CA.

Donc le lieu est bien la pp. annoncée [1].

Fig. 64.

APPLICATION DES LIEUX GÉOMÉTRIQUES A LA CONSTRUCTION D'UN POINT.

Par définition, *construire un point*, c'est faire une série de constructions très nettes pour obtenir sans tâtonnement la place que doit occuper le point dans la figure.

On peut énoncer la règle suivante, très générale :

Règle. — *Un point se construit toujours par l'intersection de deux lignes, ou d'une ligne et d'un lieu géométrique, ou de deux lieux géométriques.*

Ce dernier cas se produit quand le point doit avoir une double propriété, chacune de ces propriétés entraînant un lieu géométrique.

Ainsi dans ce problème : trouver sur une carte d'état-major un point qui soit à égale distance de deux routes et à égale distance de deux villages marqués sur la carte, on dira : le point cherché devant être à égale distance des deux routes C et D devra être quelque part sur la bissectrice de leur angle —

Fig. 65.

---

1. De cette démonstration résulte une méthode assez utile pour prouver qu'une droite est plus petite qu'une autre partant du même point : on tâche de prouver qu'il existe sur la droite dite la plus grande un point I également distant des deux extrémités libres, et on écrira ensuite :

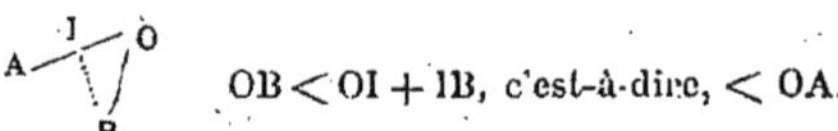

OB < OI + IB, c'est-à-dire, < OA.

devant ensuite être à égale distance des deux villages A et B il devra être quelque part sur la pp. menée à la droite CD en son milieu.

Donc, il devra se trouver à l'intersection de ces deux lignes, c'est-à-dire au point I.

————

Dans le même ordre d'idées, quand on voudra montrer que trois droites d'une figure sont concourantes, on pourra, quand ces droites ont en tous leurs points une propriété bien connue, prendre le point de rencontre O de deux de ces droites, puis montrer que ce point O a la propriété que doivent avoir tous les points de la troisième. On aura de la sorte les deux théorèmes suivants :

Théorème. — *Dans un $\triangle$, les pp. menées aux côtés d'un $\triangle$ en leurs milieux sont concourantes.*

Soit O le point de rencontre des deux pp. MO et M'O menées aux côtés BC et AC en leurs milieux. — Pour prouver que la droite M''X menée perpendiculairement à AB en son milieu M'' passe par O, il suffira de prouver que O est à égale distance de A et de B. Or cela est évident, car, si nous utilisons la construction, nous dirons :

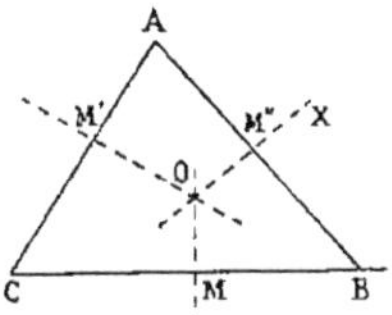

O appartenant à MO, on a : OC = OB.
O　　　—　　　M'O, on a : OC = OA.
Donc OB = OA. Donc M''X passe par le point O. C. Q. F. D.

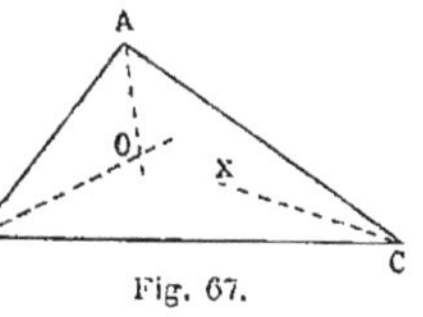
Fig. 66.

————

Théorème. — *Dans un $\triangle$ les trois bissectrices sont concourantes.*

Soit O le point de rencontre des deux bissectrices des angles A et B. O étant à égale distance de AB et AC d'une part, de AB et BC d'autre part, sera à égale distance de AC et de BC, donc O est aussi un point de la bissectrice de l'angle C. Donc ces trois bissectrices concourent en un même point.

Fig. 67.

————

§ 4. — Droites parallèles

I. — **Définition et façons d'obtenir des droites parallèles;**
II. — **Propriétés des droites parallèles et applications;**
III. — **Somme des angles d'un polygone;**
IV. — **Parallélogrammes et applications.**

I. — Définition et façons d'en obtenir.

Définition. — On dit que deux droites d'un plan sont *parallèles entre elles* quand elles ne peuvent pas se rencontrer, quelque loin qu'on les prolonge.

La première question à se poser est évidemment celle-ci : Existe-t-il de pareilles droites ?

Pour y répondre, il suffira de donner un moyen d'obtenir des droites parallèles et, à cet effet, nous énoncerons pour commencer le théorème suivant :

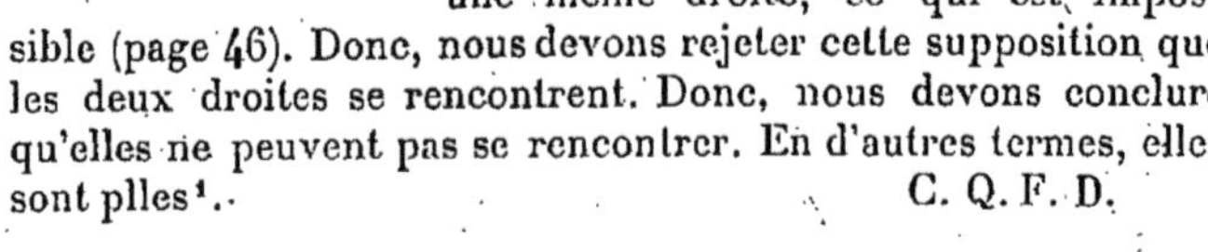

Fig. 68.

Théorème I. — *Deux perpendiculaires à une même droite sont parallèles.*

Soient AH et BK deux pp. à la droite XY. Si elles se rencontraient en un point O, de ce point O partiraient deux pp. à une même droite, ce qui est impossible (page 46). Donc, nous devons rejeter cette supposition que les deux droites se rencontrent. Donc, nous devons conclure qu'elles ne peuvent pas se rencontrer. En d'autres termes, elles sont plles[1].   C. Q. F. D.

---

1. Nous emploierons souvent l'abréviatif *plle* pour désigner le mot *parallèle.*

Il y a d'autres façons d'obtenir des droites plles entre elles, nous pouvons en effet démontrer les théorèmes suivants :

Théorème II. — *Quand deux droites sont coupées par une sécante, de façon que les angles alternes-internes formés soient égaux, les deux droites sont plles.*

Soit un angle AMN. En un point N pris sur MN menons une demi-droite ND telle que l'angle formé MND soit égal à l'angle AMN. (Nous appellerons ces deux angles *alternes-internes : alternes*, parce qu'ils sont situés de part et d'autre de la sécante MN, *internes*, parce qu'ils sont tous les deux dans l'intérieur de l'espace formé par les deux droites AB et ND.) Je dis que la droite ND est forcément plle à AB.

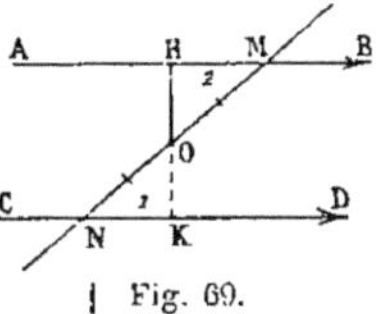

Fig. 69.

Pour le démontrer nous n'avons qu'une méthode à notre disposition, prouver qu'elles sont pp. à une même droite.

Par le milieu O de MN menons donc OH pp. à AB et prolongeons-la en OK. Nous aurons prouvé que OK est pp. sur CD, si nous parvenons à prouver cette autre chose que l'angle K est égal à l'angle H. — Et pour cela il nous suffira d'employer la méthode des deux $\triangle$ égaux.

Considérons donc les deux $\triangle$ OHM et OKN. Ils ont OM $=$ ON ; les angles en O égaux comme opposés par le sommet ; les angles en M et en N égaux par suite de l'hypothèse.

Ces deux $\triangle$ sont donc égaux — et par conséquent $\hat{K} = \hat{H}$.

Mais alors les deux droites AB et ND étant pp. à une même droite HK, les deux droites AB et MD sont plles.   C. Q. F. D.

Théorème III. — *Quand deux droites sont coupées par une sécante, de façon à produire des angles correspondants égaux, elles sont plles.*

Soient AB et CD deux droites coupées par la sécante MN, les angles 1 et 2 étant égaux, angles qu'on appelle *correspondants*. (On appelle angles correspondants, les angles formés d'un même côté de la sécante, l'un extérieur, l'autre intérieur à l'espace ABCD.)

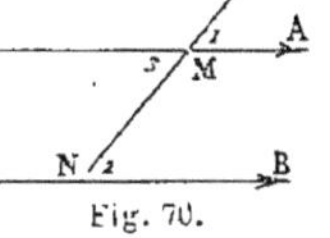

Fig. 70.

Pour prouver que AB est plle à CD, nous avons cette fois, à cause du théorème II, une deuxième méthode à notre disposition ; il suffira de prouver que les angles alternes-internes sont égaux.

Mais cela est facile, car la figure nous montre que $\hat{1} = \hat{3}$ (opposés par le sommet). Or $\hat{1} = \hat{2}$ (par hypothèse). Donc $\hat{3} = \hat{2}$.

Donc les droites AB et CD sont plles.   C. Q. F. D.

Théorème IV. — *Quand deux droites sont coupées par une sécante, de façon que les angles internes d'un même côté de la sécante sont supplémentaires, ces deux droites sont plles.*

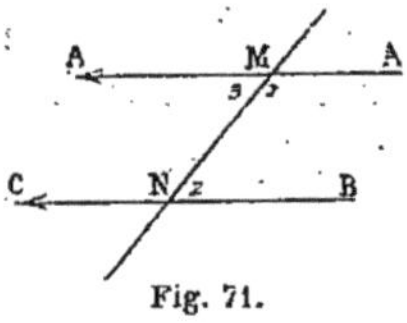

Soient les angles internes 1 et 2 supplémentaires. Pour prouver que AB est plle à CD, il suffit de prouver encore que les angles alternes-internes 3 et 2 sont égaux.

Or, ils le sont, car $\hat{3}$ est le supplément de $\hat{1}$ de même que l'angle $\hat{2}$. Donc, AB est plle à CD.

C. Q. F. D.

Les quatre théorèmes que nous venons de démontrer, et qu'il faut absolument apprendre dans l'ordre où nous les avons placés, nous prouvent qu'il y a jusqu'à présent quatre façons de mener par un point une plle à une droite. Il est certain que chacune de ces façons ne donne qu'une parallèle.

Mais il n'est pas dit que ces quatre plles ne constituent pas quatre droites différentes. Or il est clair que, de même que nous n'avons pas admis sans démonstration que d'un point on ne peut mener qu'une perpendiculaire à une droite, nous ne devrions pas non plus admettre que d'un point on ne peut mener qu'une parallèle à une droite.

Néanmoins, nous admettrons, par exception, sans démonstration, la proposition suivante (qui pourtant n'est pas un axiome) et qu'on appelle le *Postulatum d'Euclide* :

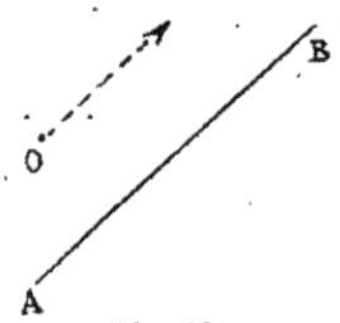

POSTULATUM D'EUCLIDE.

*D'un point on ne peut mener qu'**une** parallèle à une droite donnée.*

Fig. 72.

Comme, au lieu de dire que deux droites sont plles, il nous arrivera quelquefois de dire qu'elles ont même direction, on voit donc que ce *Postulatum d'Euclide* revient à dire que par un point on ne peut mener qu'une seule droite dans une direction donnée AB.

Cela paraît assez naturel à admettre, mais, nous le répétons, cela aurait besoin d'être démontré, et on n'a encore jamais pu le faire.

Hâtons-nous d'ajouter que c'est en géométrie la seule proposition que l'on admette de la sorte sans démonstration.

La géométrie qui en découle (et qui est celle exposée dans ce traité) s'appelle, à cause de cela, la *géométrie euclidienne*.

COROLLAIRE DE CE POSTULATUM.

Du Postulatum d'Euclide, découle la proposition suivante très utile :

Toute droite qui en rencontre une autre rencontre ses parallèles.

Soient en effet A et A' deux droites plles entre elles et une droite B qui coupe la première A en un point O (faire la figure).

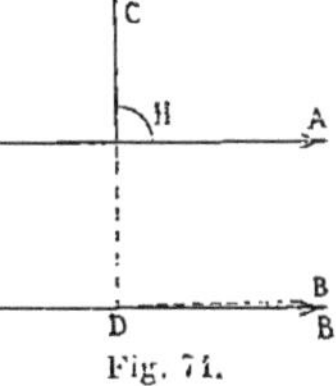

Fig. 73.

Je dis qu'elle coupe aussi la seconde A'.

En effet, si B ne coupait pas A', B serait, comme on dit, plle à A'. Mais alors du point O partiraient deux droites, l'une A plle à A', l'autre B plle aussi, ce qui est contraire au postulatum.

Donc il faut bien que B, si elle coupe A, coupe A'.

C. Q. F. D.

II. — PROPRIÉTÉS CARACTÉRISTIQUES DES DROITES PARALLÈLES.

Nous allons démontrer que quand deux droites sont parallèles,

1° *Toute droite pp. à l'une est pp. à l'autre;*

2° *Les angles alternes-internes formés par une sécante sont égaux;*

3° *Les angles correspondants formés par une sécante sont égaux;*

4° *Les angles internes supplémentaires formés par une sécante sont supplémentaires;*

5° *Elles sont en tous leurs points à égale distance.*

Quand deux droites sont parallèles entre elles,

1° *Toute droite pp. à l'une est pp. à l'autre.*

Soient A et B deux droites plles.

Soit CH une droite pp. à A.

Je dis que CH est aussi pp. en D à la droite B.

En effet, si CD n'était pas pp. à B, par le point D on pourra toujours mener une droite pp. à CD et cette pp. sera une droite B_1 différente de B.

Mais les droites B_1 et A toutes deux pp. à une même droite seront alors plles (page 56).

Dès lors, du point D partiront deux droites plles à A, à savoir B et B_1.

Mais le postulatum d'Euclide, que nous avons admis sans réserve, ne serait alors plus vrai.

Donc notre supposition est inacceptable et il faut que CH soit pp. à la droite B. C. Q. F. D.

2° Toute sécante détermine des angles alternes-internes égaux.

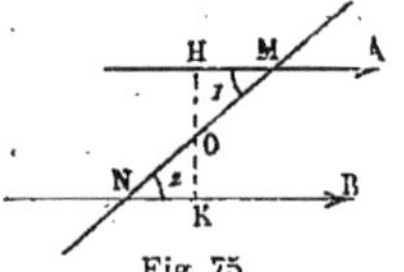

Fig. 75.

Soient A et B deux droites plles.

Je dis que la sécante MN détermine deux angles alternes-internes 1 et 2 égaux.

Pour le démontrer, il est naturel d'employer la méthode des deux $\triangle$ égaux, et pour cela, par le milieu O de MN menons OH pp. à A.

Son prolongement OK sera aussi pp. à la plle B (à cause de la propriété précédente).

Mais alors les deux $\triangle$ formés AOH et ONK sont égaux comme rectangles, ayant l'hypoténuse égale et un angle adjacent égal.

Donc $\hat{M}_1 = \hat{N}_2$.   C. Q. F. D.

3° Les angles correspondants sont égaux.

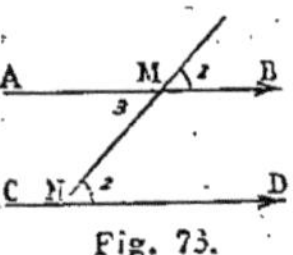

Fig. 73.

En effet, pour démontrer que $\hat{M}_1 = \hat{N}_2$ il suffit de regarder la figure, et de remarquer que $\hat{M}_1 = \hat{M}_3$ (comme opposés par le sommet).

Or, $\hat{M}_3 = \hat{N}_2$ comme angles alternes-internes formés par les plles A et B.

Donc $\hat{M}_1 = \hat{N}_2$.   C. Q. F. D.

4° Les angles internes formés d'un même côté de la sécante sont supplémentaires.

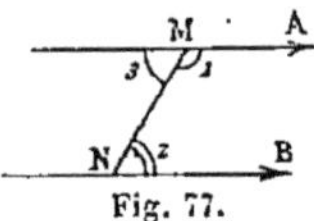

Fig. 77.

Je dis que $\hat{M}_1$ est le supplément de $\hat{N}_2$.

En effet, la figure nous montre que $\hat{M}_1$ est le supplément de $\hat{M}_3$.

Or, $\hat{M}_3 = \hat{N}_2$ puisque A et B sont plles.

Donc $\hat{M}_1$ est le supplément de $\hat{N}_2$.

                                    C. Q. F. D.

5° Les deux droites sont en tous leurs points à égale distance.

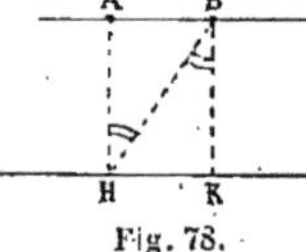

Fig. 78.

Il suffit évidemment de le prouver pour deux points A et B.

Menons donc de ces deux points les pp. AH et BK sur HK.

Pour prouver qu'elles sont égales, il est naturel encore d'employer la méthode des $\triangle$ égaux et par conséquent de joindre BH.

Les deux $\triangle$ formés ont BH commun, les angles ABH et BHK sont égaux comme alternes-internes et les angles marqués de deux traits sont eux aussi égaux pour la même raison (puisque les deux droites AH et BK sont plles comme étant pp. à la même droite).

Donc, ces Δ sont égaux et l'on a bien :

$$AH = BK. \qquad\qquad C. Q. F. D.$$

N. B. — La pp. AH menée de A sur la droite HK étant aussi pp. sur AB (à cause de la propriété n° 1), AH est une pp. commune et mesure en ces points A et H la distance des deux plles.

De la double étude que nous venons de faire il résulte que l'on possède **maintenant cinq méthodes très nettes pour prouver que deux droites d'une figure sont plles entre elles.**

On pourra prouver cette autre vérité :

ou qu'elles sont pp. à une même droite;

ou qu'elles forment avec une sécante :

  des angles alternes-internes égaux;

  ou des angles correspondants égaux;

  ou des angles internes supplémentaires;

ou enfin que deux points de l'une sont à égale distance de l'autre.

La plus usitée de ces cinq méthodes est certainement celle des angles alternes-internes [1].

La nécessité d'utiliser les données de la question, jointe à l'examen attentif de la figure, indiquera en général assez facilement chaque fois à laquelle de ces cinq méthodes il faudra donner la préférence.

Il en résulte aussi que, quand on voudra utiliser le parallélisme de deux côtés d'une figure, on pourra remplacer les mots *côtés plles* par ces autres mots équivalents :

  angles alternes-internes égaux ;

  angles internes supplémentaires;

  pp. égales.

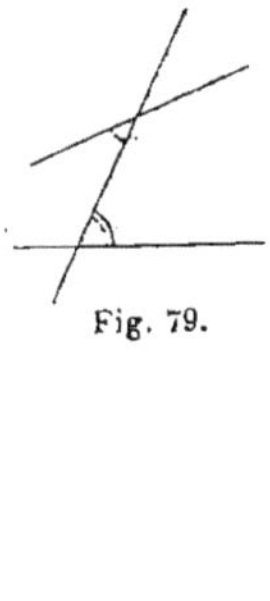

Fig. 79.

1. Il est à remarquer que deux droites non plles donnent, elles aussi, naissance à des angles alternes-internes, seulement ces angles ne sont pas égaux.

Et cette transformation de la donnée rendra alors souvent la démonstration des théorèmes plus facile.

APPLICATION I. — *Deux droites parallèles à une troisième sont plles entre elles.*

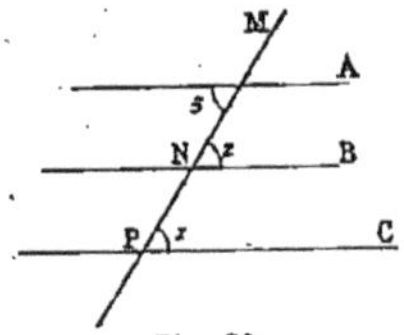

Soit A plle à C et B plle à C.

Je dis que A est parallèle à B.

Pour le prouver, essayons de la méthode des angles alternes, et, pour cela, menons une sécante quelconque MNP.

A étant plle à C, on a : $\widehat{M}_3 = \widehat{P}_1$;

C étant plle à B, on a : $\widehat{P}_1 = \widehat{N}_2$.

Donc $\widehat{M}_3 = \widehat{N}_2$. Donc A est plle à B.   C. Q. F. D.

Fig. 80.

APPLICATION II. — *Si sur deux droites plles on porte deux mêmes longueurs, les droites qui joignent les extrémités sont plles.*

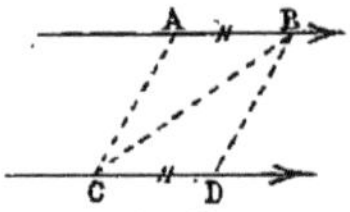

Il suffira de prouver que les angles alternes-internes obtenus en coupant AC et BD par la sécante BC sont égaux, ce qui se fera par la méthode des deux $\triangle$ égaux, en utilisant les données.

Fig. 81.

REMARQUE. — Il résulte de ce théorème une nouvelle façon de prouver que deux droites d'un quadrilatère ABCD sont plles. — Il suffit de prouver que AB est égal et plle à CD.

APPLICATION III. — *Si aux extrémités A et B d'une droite AB on fait deux angles égaux et si on prend AC = BD, la droite CD est plle à AB.*

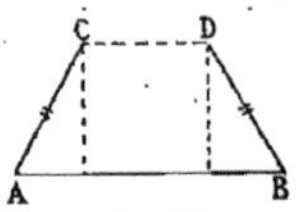

Le parallélisme s'établira ici en montrant que les pp. CH et DK sont égales, ce qui se fera encore aisément en démontrant cette autre chose, que les deux $\triangle$ formés sont égaux.

Fig. 82.

APPLICATION IV. — *Deux angles à côtés plles et dirigés dans le même sens sont égaux, et, s'ils sont dirigés en sens contraire, ils sont supplémentaires.*

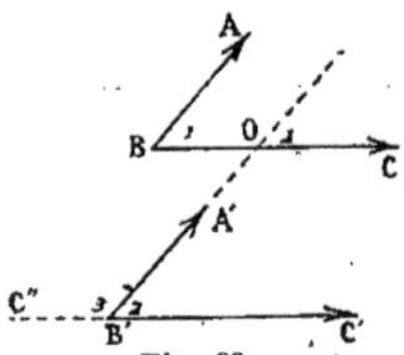

La figure nous montre immédiatement que, si on prolonge A'B' jusqu'en O, on a : $\hat{1} = \widehat{O}_1$. Or, $\widehat{O}_1 = \hat{2}$. Donc, $\hat{1} = \hat{2}$.

Et, d'autre part, si on considère les angles B_1 et 3, on verra qu'ils sont supplémentaires. Car $\hat{3}$ est le supplément de $\hat{2}$. Or, $\hat{2} = B_1$. Donc, $\hat{3}$ est le supplément de $\hat{1}$.   C. Q. F. D.

Fig. 83.

Remarque. — On aurait encore pu prouver que les angles précédents ABC et A'B'C' à côtés plles sont égaux en employant la méthode des deux Δ égaux — prenant pour cela AB et BC quelconques, prenant A'B' $=$ AB et B'C' $=$ BC, joignant BB', AA', CC' — d'où droites AA' et CC' égales et plles — d'où AC $=$ A'C'.

D'où enfin Δ égaux — ce qui prouve l'égalité de B et de B'.

Application V. — *Deux angles à côtés pp. sont ou égaux ou supplémentaires selon qu'ils sont tous deux aigus ou obtus, ou l'un aigu et l'autre obtus.*

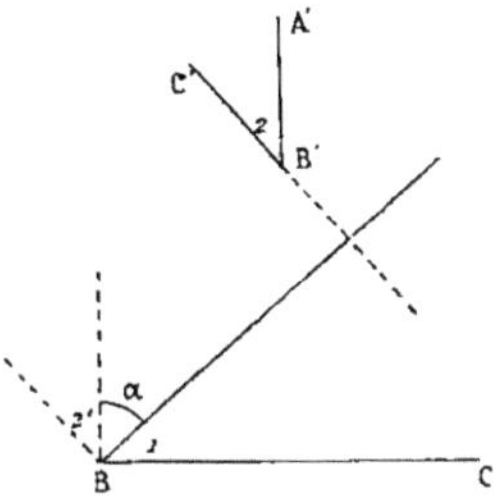

Soit A'B' pp. à BC et B'C' pp. à AB. ⎰ Je dis que les angles aigus 1 et 2 sont égaux.

En effet, si on mène des plles par le sommet B, les angles 2 et 2' sont égaux.

Mais $\hat{2}' = 90° - \bar{\alpha}$;
    $1 = 90° - \hat{\alpha}$.

Donc $\hat{2}' = \hat{1}$. Donc aussi $\hat{2} = \hat{1}$.   C. Q. F. D.

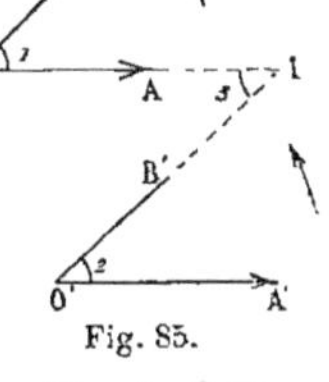

Fig. 84.

Théorèmes réciproques. — *Quand deux angles égaux ont deux côtés plles et de même direction, les seconds côtés pouvant être obtenus par une rotation faite dans le même sens, les seconds côtés sont plles.*

Pour démontrer le parallélisme des deux côtés OB et O'B', il suffira de prouver cette autre chose, que les angles alternes-internes 1 et 3 sont égaux, le côté O'B' ayant été prolongé jusqu'à sa rencontre en I avec le côté OI.

Fig. 85.

Or, cela est facile, car $\hat{2} = \hat{3}$ (puisque OA' est plle à OA).
Mais $\hat{2} = \hat{1}$ (par hypothèse). Donc $\hat{1} = \hat{3}$.
Donc O'B' est plle à OB.   C. Q. F. D.

Théorème final. — *Le lieu géométrique des points* M, N, P... *situés à égale distance d'une droite donnée est la parallèle à cette droite menée à la distance donnée.*

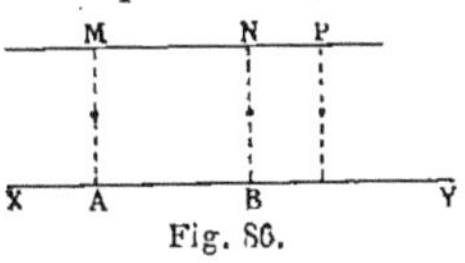

Si nous nous faisons une idée de la forme et de la position du lieu demandé,

Fig. 86.

nous voyons qu'il a l'air d'être une parallèle à la droite XY.

Or, la figure nous montre que, si les pp. AM et BN et PQ sont égales, MN est plle à AB.

Donc tous les points du lieu ont cette *nouvelle propriété : que, joints au point* M, *ils donnent naissance à des plles à* XY.

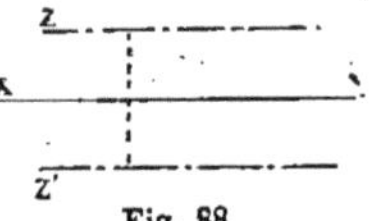

Fig. 87.

Mais par le point M on ne peut mener qu'une droite plle à *xy*. Donc, tous les points du lieu sont sur la plle menée par M à *xy* et nulle part ailleurs.

D'un autre côté, tous les points de cette plle sont à la distance donnée de *xy*.

Donc, *le lieu cherché est la plle annoncée.*

N. B. — Si, au lieu de considérer les points du plan situés au-dessus de *xy*, on considérait les points du plan au-dessus comme au-dessous, le lieu se composerait évidemment de deux plles équidistantes Z et Z'.

APPLICATION. — *Trouver un point distant d'une longueur donnée* l *d'une droite* A *et d'une longueur donnée* l' *d'une autre droite* B.

Le point cherché ayant une propriété double à chacune desquelles correspond un lieu géométrique, ce point s'obtiendra

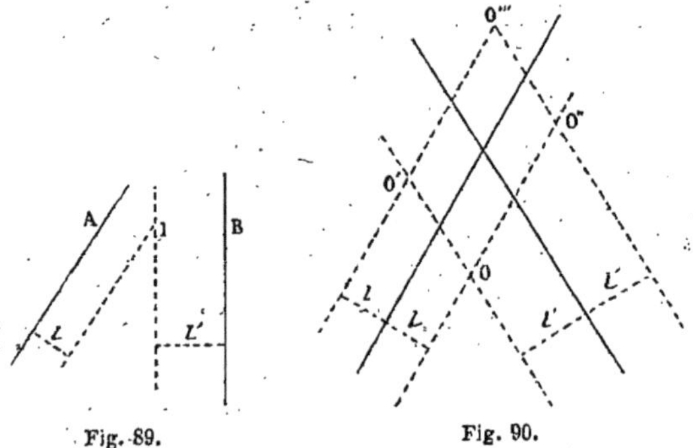

Fig. 89.   Fig. 90.

évidemment (sans tâtonnement) par l'intersection de ces deux lieux géométriques qui sont ici deux plles aux droites A et B. Et même, comme on ne spécifie pas dans l'énoncé que le point cherché est dans l'intérieur de l'angle, on trouvera quatre points, O, O', O'', O'''.

III. — SOMME DES ANGLES D'UN POLYGONE[1].

Théorème. — *La somme des angles d'un $\triangle$ est égale à deux angles droits, c'est-à-dire à 180°.*

L'artifice consiste à démontrer que la somme des trois angles est égale à la somme des angles formés autour d'un point d'un même côté d'une droite.

Et pour cela menons la plle CD à AB.

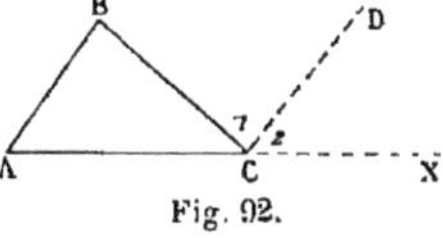
Fig. 92.

On a : $\dot{B} = \hat{C}_1$ (alternes-internes formés par les plles);
$\hat{A} = \hat{C}_2$ (correspondants).

Donc on a : $\hat{A} + \hat{B} + \hat{C} = \hat{C}_2 + \hat{C}_1 + \widehat{BCA} =$ deux droits.

C. Q. F. D.

COROLLAIRE I. — *Dans un $\triangle$ rectangle, les angles adjacents à l'hypoténuse sont complémentaires.*

COROLLAIRE II. — *Dans un $\triangle$ rectangle isocèle, les angles aigus valent chacun 45°.*

COROLLAIRE III. — *Dans un $\triangle$ équilatéral, les trois angles valent chacun 60°.*

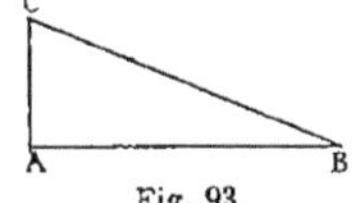
Fig. 93.

COROLLAIRE IV. — *Quand deux $\triangle$ ont deux angles égaux chacun à chacun, les troisièmes angles sont égaux entre eux.*

Il en résulte que, quand deux $\triangle$ ont un côté égal et deux angles égaux deux à deux, ces angles, n'étant pas adjacents au côté égal, ils sont quand même égaux.

On appelle *angle extérieur d'un $\triangle$,* l'angle obtenu en prolongeant l'un de ses côtés.

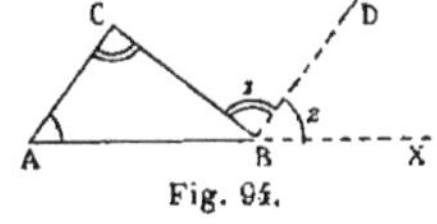
Fig. 94.

Théorème. — *L'angle extérieur d'un $\triangle$ est égal à la somme des deux angles intérieurs non adjacents.*

---

1. On appelle *polygone*, une portion de plan limitée par des droites, ces droites étant arrêtées à leurs points de rencontre avec les droites voisines. Selon le nombre de leurs côtés, on les appelle quadrilatères, ou pentagones, ou hexagones, ou octogones ou décagones, etc.

On appelle *trapèze*, un quadrilatère où deux côtés opposés sont plles.

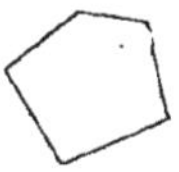

Fig. 91.

Pour montrer que l'angle extérieur CBX est égal à la somme $\hat{A} + \hat{C}$, menons la plle BD. On a :

$$\hat{C} = \hat{B}_1, \qquad \hat{A} = \hat{B}_2. \qquad \text{Donc } \widehat{CBX} = \hat{A} + \hat{C}. \qquad \text{C. Q. F. D.}$$

Théorème. — *La somme des angles d'un polygone convexe est égale à autant de fois deux angles droits qu'il y a de côtés moins deux.*

D'abord, si nous menons les diagonales[1] issues du sommet A,

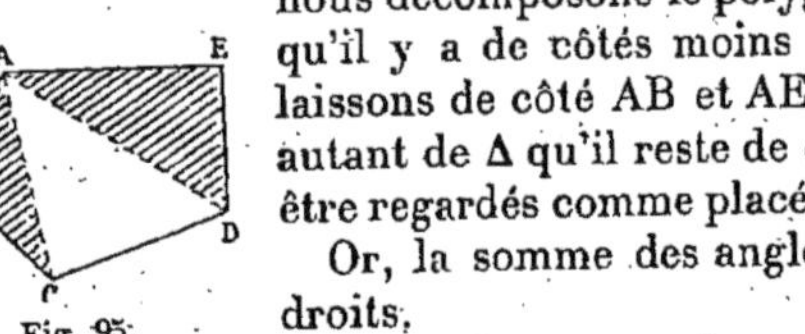

nous décomposons le polygone en autant de Δ qu'il y a de côtés moins deux. Car, si nous laissons de côté AB et AE, il y a évidemment autant de Δ qu'il reste de côtés (ces Δ pouvant être regardés comme placés sur BC, CD et DE.

Or, la somme des angles d'un Δ vaut deux droits.

Donc, la somme des angles de tous ces Δ vaut autant de fois deux angles droits qu'il y a de côtés dans le polygone, moins deux.

Fig. 95.

D'un autre côté, si nous voulons constituer les angles du polygone, il en faut prendre 3 des Δ pour former l'angle A ;

     —   —   1 pour les angles B et E_1 ;

     —   —   et 2 pour chacun des angles C et D.

Mais on a alors pris tous les angles des Δ.

Donc la somme des angles du polygone est égale à la somme des angles des Δ, c'est-à-dire à autant de fois deux droits qu'il y a de côtés moins deux.   C. Q. F. D.

Si on désigne par n le nombre des côtés du polygone, et par S la somme des angles du polygone (S étant évalué en degrés), on aura la *formule* suivante[2] :

$$S = (n - 2) \times 2 \text{ droits} = (2n - 4) \text{ droits} ;$$
$$\text{ou} \qquad S = (n - 2) \text{ fois } 180 \text{ degrés.}$$

APPLICATION. — *Calculer en degrés la valeur de l'angle d'un octogone, sachant que tous ses angles sont égaux.*

---

1. On appelle *diagonale* d'un polygone, toute droite joignant deux sommets non consécutifs.

2. On appelle *formule*, une égalité dans laquelle le deuxième membre indique les opérations d'arithmétique à faire sur des nombres connus pour trouver le nombre placé dans le premier membre.

La somme des huit angles valant d'après le théorème précédent (8—2) fois deux droits, c'est-à-dire douze droits, c'est-à-dire douze fois 90 degrés, chacun de ces angles en vaudra la huitième partie;

Donc vaudra 12/8 de 90 degrés, ou 3/2 de 90 degrés, ou trois fois 45 degrés, c'est-à-dire 135 degrés.

CoROLLAIRE. — *La somme des angles extérieurs obtenus en prolongeant les côtés d'un polygone au delà des sommets toujours dans le même sens est égale à quatre angles droits.*

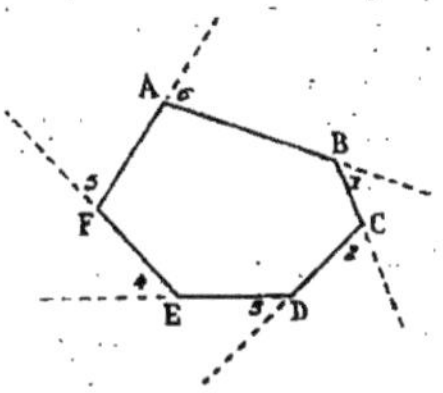

En effet, si on désigne par A, B, C, D, E les angles du polygone, on aura :

$\hat{B} + \hat{1} = 2$ droits, $\hat{C} + \hat{2} = 2$ droits, etc.

Donc $B + 1 + C + 2 + D + 3 + \dots$
$\qquad = n$ fois 2 droits.

Mais $A + B + C + \dots = (2n — 4)$ droits.

Donc $1 + 2 + 3 + 4 + 5 = (2n)$ droits $— (2n — 4)$ droits
$\qquad\qquad = 4$ droits. \qquad C. Q. F. D.

Fig. 96.

IV. — DES PARALLÉLOGRAMMES.

Définition. — On appelle **parallélogramme** la figure formée par quatre droites plles entre elles deux à deux, ces droites étant limitées à leurs points de rencontre.

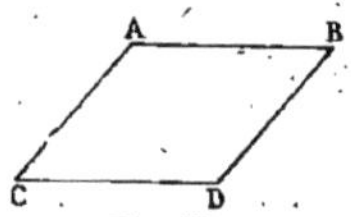

Théorème général. — *Dans tout pllgr* [1],
1° *Les côtés opposés sont égaux;*
2° *Les angles opposés sont égaux;*
3° *Les diagonales se coupent mutuellement en deux parties égales;*
4° *Toute droite passant par le point de rencontre des diagonales est partagée par ce point en deux parties égales.*

Fig. 97.

Soit ABCD un pllgr. Pour démontrer que AB = CD, il est naturel d'essayer la méthode des deux $\triangle$ égaux et pour cela de joindre BC. — Les deux $\triangle$ formés ont BC commun. De plus

------

1. Nous désignerons le mot *parallélogramme* par l'abréviatif *pllgr*.

(puisque AB est plle à CD) les angles B_1 et C_1 sont égaux, de même que les angles C_2 et B_2. Donc, les $\triangle$ étant égaux, aux

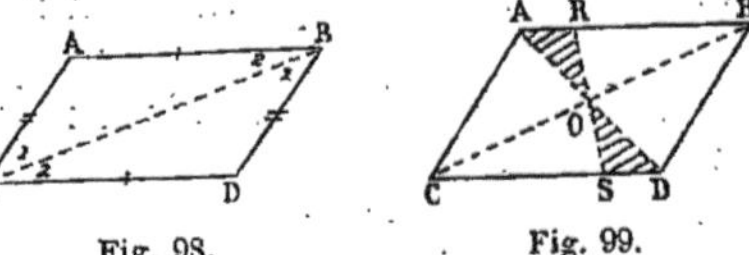

anglés égaux sont opposés des côtés égaux. Par conséquent, $AB = CD$ [1].

On démontre par la considération des mêmes $\triangle$ que $\hat{A} = \hat{D}$.

Fig. 98.　　　　　Fig. 99.

Pour démontrer que $OA = OD$, on emploierait la méthode des $\triangle$ égaux en considérant les deux $\triangle$ AOB et COD (étude très facile).

Et de même pour prouver que $RO = OS$.

————

Le point de rencontre des diagonales du pllgr s'appelle le *centre du pllgr.*, parce qu'il partage en deux parties égales (absolument comme le centre de circonférence) toutes les droites qui y passent.

Théorèmes réciproques. — I. *Quand dans un quadrilatère les côtés opposés sont deux à deux égaux, la figure est un pllgr.*

Il est très facile de construire un pareil quadrilatère à l'aide d'une règle et d'un compas en décrivant deux arcs de cercle des points B et C comme centres avec des rayons respectivement égaux à AC et à AB.

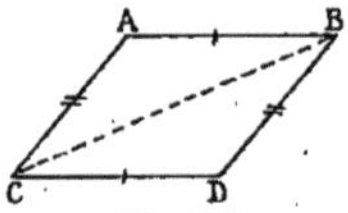

Pour prouver le parallélisme de AB et de CD, il est naturel d'essayer la méthode des angles alternes — ce qui tout naturellement nous conduira à mener la droite BC — puis à étudier les deux $\triangle$ ainsi formés (démonstration facile).

Fig. 100.

————

II. — *Quand dans un quadrilatère les angles opposés sont deux à deux égaux, la figure est un pllgr.*

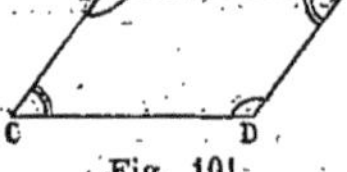

Supposons un instant qu'on ait pu construire un pareil quadrilatère, dans lequel $\hat{A} = \hat{D}$ et $\hat{B} = \hat{C}$.

Je dis que forcément AB est plle à CD.

Fig. 101.

Pour le démontrer, la méthode des angles alternes-internes ne réussirait pas. — Mais, si on essaie la méthode suivante (celle

————

1. Ces $\triangle$ sont superposables sans retournement, c'est-à-dire directement égaux. (Voir page 34.)

des angles internes supplémentaires), elle réussira. En effet,
on a : $\hat{A} + \hat{B} + \hat{C} + \hat{D} = 4$ droits (somme des angles d'un quadrilatère). Mais il faut utiliser les données, à savoir :

$$\hat{A} = \hat{D}, \text{ puis } \hat{B} = \hat{C}.$$

L'égalité précédente nous donnera donc :

$$2\hat{A} + 2\hat{C} = 4 \text{ droits,}$$

c'est-à-dire : $\hat{A} + \hat{C} = 2$ droits.   Donc, AB est plle à CD.

On verrait de même pour AC et BD.
Donc la figure est bien un pllgr.   C. Q. F. D.

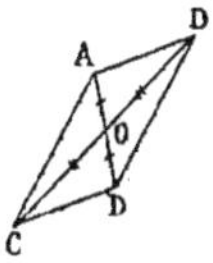

Fig. 102.

III. — *Quand dans un quadrilatère les diagonales se coupent mutuellement en deux parties
égales, la figure est un pllgr.* (La méthode des angles alternes-
internes réussit.)

Variétés du parallélogramme $\left\{ \begin{array}{l} \text{RECTANGLE;} \\ \text{LOSANGE;} \\ \text{CARRÉ.} \end{array} \right.$

Définition. — On appelle **rectangle**, *un quadrilatère qui
a ses quatre angles égaux.*

Il existe de pareils quadrilatères. Car si en deux points d'une
droite AB on mène des pp. AC et BD, et qu'en C
on fasse un troisième angle droit, le quatrième
angle, D, sera forcément droit lui aussi.

Donc, les quatre angles seront égaux.

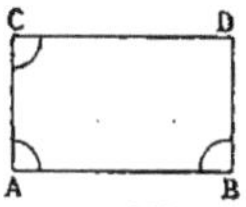

Fig. 103.

N. B. — Si les quatre angles sont égaux entre
eux, ils doivent valoir chacun 1 droit; car la somme des angles
d'un quadrilatère vaut quatre droits.

Théorème. — *Tout rectangle est un parallélogramme.*
En effet, les droites sont deux à deux parallèles, comme perpendiculaires à une même droite.

PROPRIÉTÉ DU RECTANGLE.

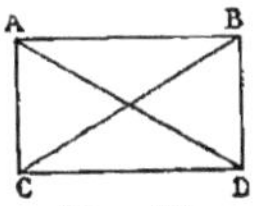

Dans tout rectangle, les diagonales sont égales.
En effet, si on considère les deux Δ ACD et
BCD, ils sont égaux comme étant rectangles, ayant un côté
commun CD et deux côtés égaux (puisque ABCD est un pllgr.).

Fig. 104.

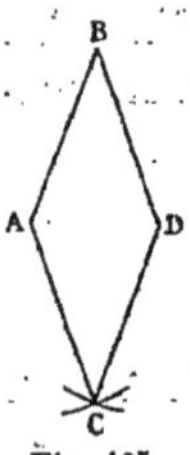

Définition. — On appelle **losange**, *un qua-drilatère qui a ses quatre côtés égaux.*

Il est facile d'obtenir de pareils quadrilatères; car des deux points A et D avec des rayons égaux à AB il suffit de décrire deux arcs de cercle qui se coupent en C.

Théorème. — *Tout losange est un parallélogramme.*

Pour prouver que AB est plle à CD, il suffit de prouver que les angles alternes-internes A_1 et D_1 sont égaux (ce qui se prouvera aisément par l'égalité des deux Δ ABD et ACD).

On prouverait de même que BD est plle à AC.

Fig. 105.

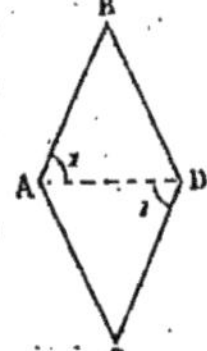

Fig. 106.

PROPRIÉTÉ DU LOSANGE.

Dans tout losange, les diagonales se coupent orthogonalement.

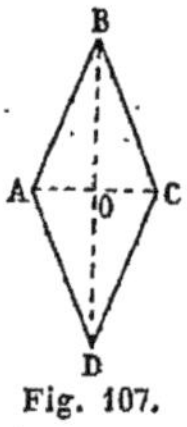

En effet, le point B est à égale distance de A et de C (par hypothèse).

Idem pour le point D.

Donc la figure nous montre immédiatement que les deux points B et D appartiennent à la pp. menée à la droite AC en son milieu.

Donc, la diagonale BD est pp. à la diagonale AC.

C. Q. F. D.

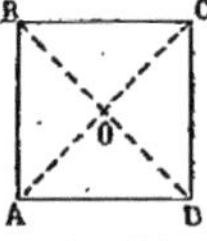

Fig. 107.

Définition. — On appelle **carré**, *un quadrilatère qui est à la fois rectangle et losange.*

PROPRIÉTÉS DU CARRÉ.

1° C'est un pllgr.
2° Les diagonales sont égales.
3° Les diagonales sont orthogonales.

Fig. 108.

Applications du parallélogramme.

APPLICATION I. — *Dans tout Δ, la plle menée à la base par le milieu d'un côté* 1° *passe par le milieu de l'autre côté;*
2° *est égale à la moitié de la base.*

Soit M le milieu de AB. Je mène la plle MX à la base BC.
Je dis que AN $=$ NC.

Pour le démontrer, je vais employer la méthode des deux Δ égaux, en menant la plle NO. Dans ces Δ les angles sont égaux (comme formés par des droites plles). Mais MNBO étant un pllgr., NO $=$ MB, et comme MB $=$ AM, on a : NO $=$ AM.

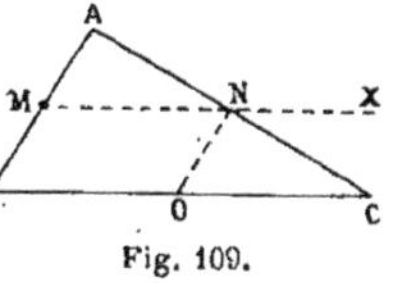

Fig. 109.

Par conséquent les deux Δ sont égaux, donc, AN $=$ NC, et N est bien le milieu de AC.

En plus, MN $=$ OC. Mais, à cause du pllgr., MN $=$ BO.
Donc, BO $=$ OC. Et il en résulte : MN $=$ 1/2 BC.

C. Q. F. D.

COROLLAIRE. — *Dans un Δ la droite qui joint les milieux de deux côtés est plle à la base.*

Soient M et N les milieux de AB et de AC.
Je dis que MN est plle à BC.

En effet, si MN n'était pas plle, comme par le point M on peut toujours mener une plle à BC, cette plle serait différente de MN, et elle couperait AC en un point N' autre que N qui, lui aussi, serait (d'après le théorème précédent) le milieu de AC.

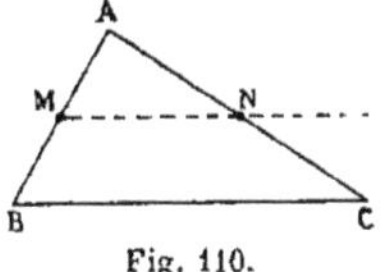

Fig. 110.

Mais une droite AC ne saurait avoir deux milieux.

Donc, notre supposition (MN non plle à BC) nous conduisant à une absurdité, cette supposition doit être rejetée, et nous devons admettre que la *droite des milieux* MN est plle à BC.

C. Q. F. D.

REMARQUE. — On aurait pu donner de ce corollaire une démonstration directe, non subordonnée à un théorème, en menant par le point C une droite CD plle à AB et prouvant que CDMB est un pllgr. comme ayant CD égal et plle à MB.

APPLICATION II. — *Dans un Δ rectangle ABC, la médiane qui correspond à l'hypoténuse est égale à la moitié de l'hypoténuse.*

Soit M le milieu de BC. Je dis que AM = 1/2 BC.

SOLUTION I. — Pour le démontrer, remarquons que cette

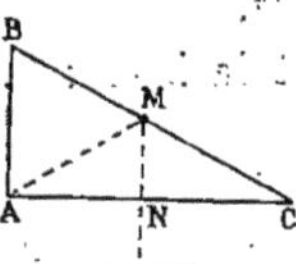

Fig. 111.

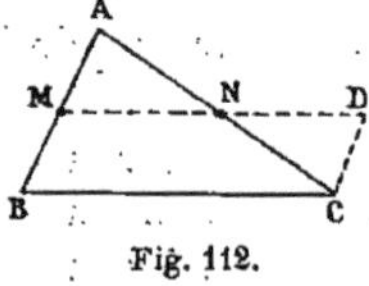

Fig. 112.

phrase : M milieu du côté BC, me faisant songer par une association de mots à cette autre phrase « droites des milieux », une façon d'utiliser la donnée consiste à mener la plle MN à AB et à regarder la figure. N étant le milieu de AC et MN étant pp. à AC (comme plle à AB), on aperçoit deux obliques AM et MC qui s'écartent également du pied de la pp. Donc MA = MC. Et par conséquent MA = 1/2 BC.

C. Q. F. D.

SOLUTION II. — Dans les problèmes où on parle de médiane et où on est embarrassé, on arrive très souvent à la solution, non seulement comme tout à l'heure en menant la droite des milieux,

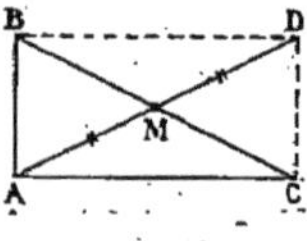

Fig. 113.

mais *en prolongeant la médiane d'une longueur égale à elle-même, et considérant le pllgr. ainsi formé.*

Prolongeons donc ici AM d'une longueur MD égale à elle-même. La figure sera un pllgr. (puisque les diagonales s'y coupent mutuellement en deux parties égales). Mais, l'angle A étant droit, la figure est un rectangle. Or, dans ce rectangle, les diagonales sont égales.

Donc AD = BC.

Donc 1/2 AD = 1/2 BC et par conséquent AM = 1/2 BC.

C. Q. F. D.

APPLICATION III. — *Les médianes d'un Δ se coupent en un même point, situé au tiers de chacune d'elles, à partir de la base.*

Soient AM et BM' deux médianes qui se coupent en O. Pour prouver que O est au tiers de AM, il suffit de prouver que OM est égal à la moitié de AO.

Prenons donc le milieu I de AO.

Pour prouver que OM = OI, il est naturel d'essayer d'employer la méthode bien connue des deux Δ égaux, en utilisant comme toujours les données, et pour cela il est naturel de joindre MM′, puis de mener la plle II′ à AB (le mot « milieu de côté » éveillant toujours en nous l'idée de droite des milieux).

Dans les deux Δ ainsi formés, la figure nous montre que MM′ (droite des milieux) est égale à $\frac{AB}{2}$.

Mais II′ aussi. Dès lors II′ = MM′.

Donc les Δ sont égaux et on a bien OM = OI, ainsi que OM′ = OI′, c'est-à-dire que O est à la fois au tiers de AM et au tiers de BM′.

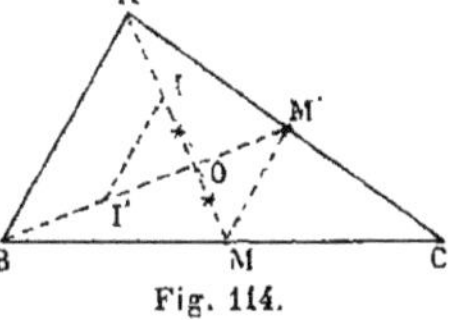

Fig. 114.

Mais, le Δ étant quelconque, une médiane ne peut pas avoir une propriété sans que les autres ne l'aient aussi (car sans cela le Δ serait un Δ particulier, et ne serait plus un Δ quelconque).

Donc la médiane qui part de C doit, elle aussi, couper AM en son tiers.

Donc : 1° Les trois médianes sont concourantes, et 2° elles se coupent toutes mutuellement en un point situé au tiers de chacune d'elles à partir de la base.

C. Q. F. D.

REMARQUE. — Le point de concours des trois médianes s'appelle *le centre de gravité du* Δ.

APPLICATION IV. — *Dans tout* Δ *isocèle, la somme des distances d'un point de la base aux deux autres côtés est constante*[1].

APPLICATION V. — *Dans un* Δ *les trois hauteurs sont concourantes.*

La démonstration de ce théorème ne saurait être trouvée, ni par l'examen attentif de la figure et des données, comme nous l'avons fait maintes fois jusqu'à présent, ni par l'emploi judicieux de quelques méthodes simples.

Il faut en effet recourir à l'artifice suivant et il faut l'apprendre par cœur, isolément.

Par les trois sommets du Δ ABC on mène des plles aux trois côtés, et on démontre que les hauteurs du Δ ABC sont en même temps, dans le Δ MNP ainsi formé, des pp. aux côtés en leurs milieux (droites qu'on sait être concourantes).

---

1. Voir le *Guide méthodique de résolution des problèmes.* (Librairie Belin frères.)

D'abord AH, étant pp. à BC, l'est à sa plle MN. Ensuite AM est égal à AN. Car AMBC est un pllgr.

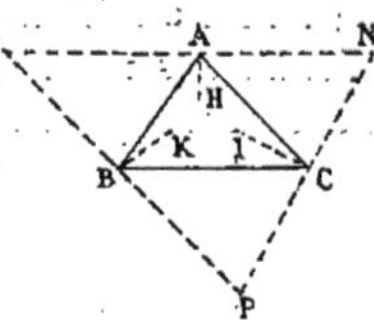

Fig. 115.

Donc AM = AC.

ANBC est aussi un pllgr.

Donc AN = BC.

Par conséquent, A est le milieu de MN.

Idem pour les deux hauteurs BK et CI (car, le Δ étant quelconque, une hauteur ne saurait avoir une propriété sans que les deux autres l'aient également).

Donc, les trois hauteurs sont concourantes.　C. Q. F. D.

REMARQUE. — Si le Δ était obtusangle, deux des hauteurs tomberaient en dehors du Δ. Et ces trois hauteurs se rencontreraient encore en un même point O (placé en dehors du Δ ABC ainsi que le montre la figure).

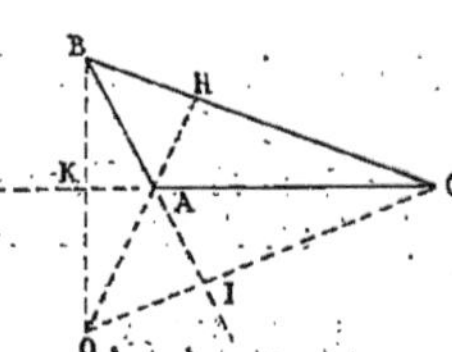

Fig. 116.

Le point de concours des trois hauteurs d'un Δ s'appelle souvent *orthocentre*.

---

§ 5. — Symétrie

I. — SYMÉTRIE D'UNE FIGURE PAR RAPPORT A UN POINT.

Définition. — On dit que *deux points sont symétriques par rapport à un point O quand ce point O est le milieu de la droite qui les joint.*

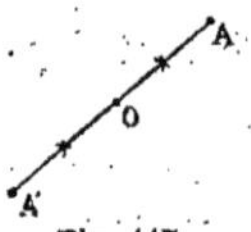

Ce point O s'appelle un *centre de symétrie*.

Définition. — On appelle *figure symétrique d'un segment de droite*, le lieu des symétriques de tous les points de cette droite.

Fig. 117.

Théorème. — *La figure symétrique d'une droite limitée, par rapport à un centre O, est une droite égale et plle.*

En effet, si on prolonge AO et BO de deux longueurs respectivement égales, la figure étant un pllgr., A'B' est égale et plle à AB.

Or il est bien évident que tous les points M de la droite AB ont leurs symétriques M' en un point de A'B' (puisque O est le centre du pllgr. ABA'B'), et réciproquement il n'y a pas un point M_1 pris sur A'B' qui n'ait pour symétrique un point M', situé sur AB.

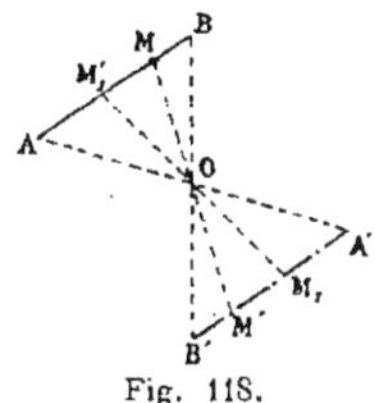

Fig. 118.

On est donc autorisé à dire que le lieu des symétriques des points de la droite limitée AB est la droite égale et plle qui joint les symétriques des points extrêmes A et B.   C. Q. F. D.

On appelle *figure symétrique d'un polygone le lieu des symétriques de tous les côtés.*

Théorème. — *La figure symétrique d'un polygone, qu'il soit convexe ou concave, par rapport à un point, est un polygone convexe ou concave égal.*

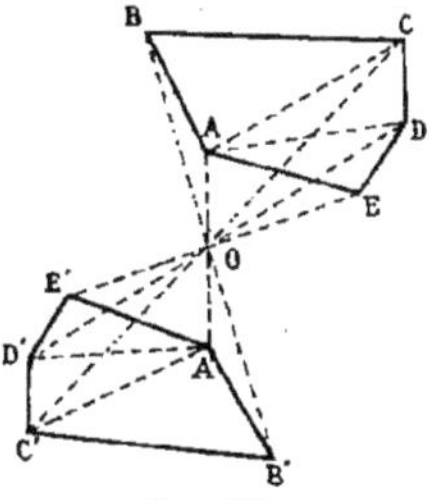

En effet, si nous faisons tourner le polygone A'B'C'D'E' de 180 degrés autour du point O dans le sens des aiguilles d'une montre, tous les sommets viennent forcément s'appliquer sur A, B, C, D, E.

Donc ces deux polygones symétriques sont directement égaux.

C. Q. F. D.

Fig. 119.

REMARQUE. — On dit que des groupes de Δ deux à deux égaux sont *disposés dans le même ordre* quand deux observateurs partant de deux Δ égaux, 1 et 1' par exemple, et marchant dans le même sens *f*, le sens inverse des aiguilles d'une montre, rencontrent tour à tour d'abord les Δ égaux 2 et 2', puis les troisièmes Δ égaux 3 et 3'.

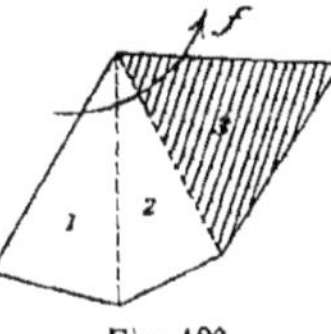

Fig. 120.

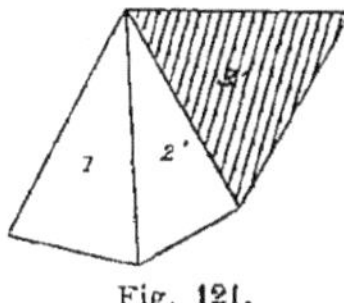

Fig. 121.

Par conséquent, nous voyons que deux polygones symétriques

par rapport à un point sont constitués par des Δ deux à deux égaux et disposés dans le même sens.

Théorème. — *Quel que soit le centre de symétrie choisi, la figure symétrique d'une figure F est toujours la même.*

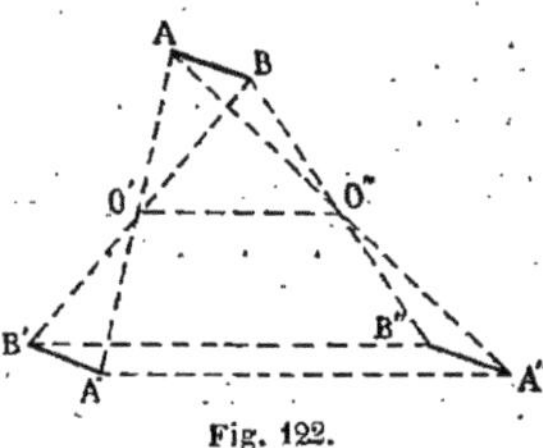

Fig. 122.

Soient en effet A et B deux points d'une figure F.

Soient F′ et F″ les figures symétriques de F par rapport aux deux centres O′ et O″.

Pour prouver que F′ = F″, faisons glisser tous les points de F′ de la même longueur A′A″, double de O′O″, et parallèlement à OO′. A′ viendra en A″.

Mais B′ viendra aussi en B″. Car la figure nous montre que B′B″ = 2O′O″ (droite des milieux dans un Δ).

Donc tous les points de F′ venant par suite de ce mouvement coïncider avec les points de F″, et réciproquement, les deux figures F′ et F″ sont égales.   C. Q. F. D.

Ce théorème permet très souvent de simplifier les questions de symétrie, puisqu'il permet de choisir comme on voudra le centre de symétrie.

II. — Symétrie par rapport a un axe.

Définition. — On dit que deux points donnés sont *symétriques par rapport à une droite* XY quand cette droite est pp. en son milieu à la droite qui les joint.

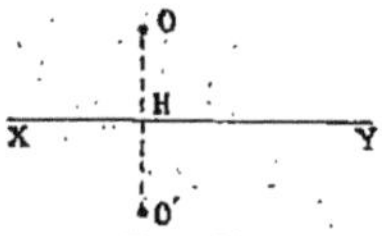

On obtient évidemment deux points symétriques en menant d'un point O la pp. OH sur l'*axe de symétrie* XY et la prolongeant en dessous d'une longueur égale HO′.

Fig. 123.

Définition. — La figure symétrique d'une droite est le lieu des symétriques de tous les points de cette droite par rapport à l'axe.

Théorème I. — *La figure symétrique d'une droite limitée par rapport à un axe est une droite égale.*

Soit une droite AB. Prenons les symétriques A' et B' des points A et B, et joignons A'B'. Considérons ensuite un point M de AB, et menons la pp. MH sur XY. Si nous replions la figure, MH s'applique sur son prolongement HZ. Mais la droite AB s'appliquant sur A'B', M tombe forcément sur A'B', donc tombe au point d'intersection M'. Donc tous les points de AB ont leurs symétriques sur A'B'.

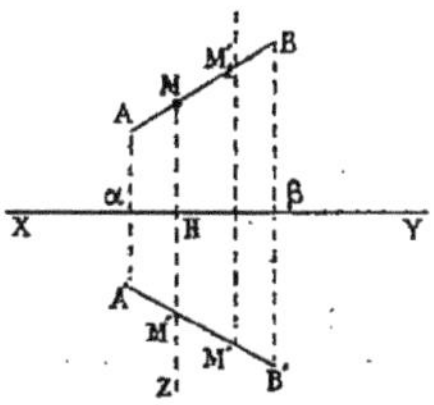

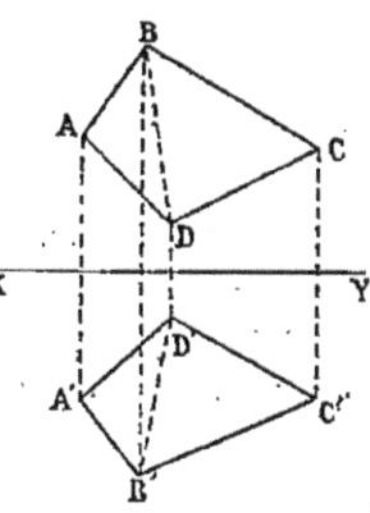
Fig. 121.

D'ailleurs un point quelconque M_1 pris sur A'B' venant, quand on replie la partie inférieure du plan, s'appliquer en un point M_1' de AB, on voit bien que le lieu des symétriques de AB est le segment de droite A'B'.   C. Q. F. D.

———

Théorème II. — *La figure symétrique d'un polygone par rapport à un axe est un polygone à côtés égaux et à angles égaux.*

Pour démontrer ce théorème, il suffit de replier par la pensée la figure inférieure de 180° autour de XY et de remarquer que les sommets du deuxième polygone s'appliquent sur ceux du premier, ce qui montre que les côtés et les angles sont égaux.

Fig. 125.

Théorème III. — *1° Quand un polygone P a un axe de figure (c'est-à-dire quand ses sommets A, B, C, D… sont deux à deux symétriques par rapport à une certaine droite), son symétrique P' par rapport à un certain axe xy lui est superposable, tel quel, sans retournement, c'est-à-dire lui est directement égal.*

2° Quand le polygone P n'a pas d'axe de figure, jamais son symétrique P' par rapport à un axe xy ne lui est superposable sans un retournement préalable autour de cet axe xy, c'est-à-dire lui est inversement égal.

1° Remarquons d'abord que quand un polygone P est symétrique par rapport à une droite AI passant par le sommet A, c'est-à-dire à un axe de figure, ce polygone peut être regardé comme renfermant quatre Δ (1), (2), (2′) et (1′) deux à deux égaux et symétriques par rapport à AI.

De même le polygone P′ symétrique de P par rapport à xy contient quatre Δ (1)₁, (2)₁, (2′)₁, (1′)₁ symétriques entre eux.

Or, sans retourner P′, on peut le porter sur P de façon que A′ s'applique sur A et I′ sur I. Alors les Δ (1)₁ et (2)₁, situés à gauche de A′I′ (par rapport à un observateur placé en A′ et regardant I′), s'appliqueront exactement sur les Δ égaux (2′) et (1′) situés eux aussi à gauche de AI (un deuxième observateur étant lui aussi en A et regardant I).

Il en sera de même des Δ (2′)₁ et (1′)₁ situés à droite, lesquels s'appliqueront sur leurs égaux, les Δ (2) et (1).

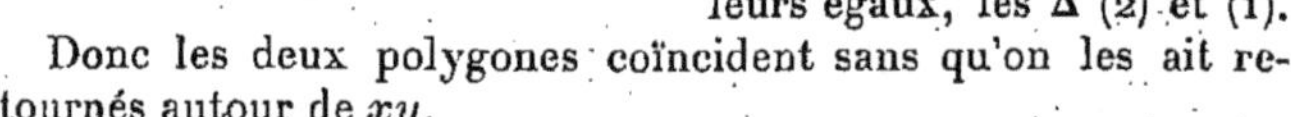

Fig. 126.

Donc les deux polygones coïncident sans qu'on les ait retournés autour de xy.

C. Q. F. D.

2° Si le polygone P n'a pas un *axe de figure* (c'est-à-dire si ses sommets ne sont pas deux à deux symétriques par rapport à une certaine droite), la superposition ne sera au contraire plus possible, sans un retournement préalable.

Car si, sans rien retourner, nous appliquons A′C′ sur AC de façon que A′ vienne en A et C′ en C, le Δ 1′ qui est à gauche de A′C′ restant toujours à gauche viendra se superposer (mais en partie seulement) sur le Δ 2 qui lui aussi est situé à gauche de AC, et y occupera la position ACB₁ (symétrique de ABC par rapport à AC). Quant au Δ 2′, il viendra à droite de AC en ACD₁ (ce Δ ACD₁ étant lui aussi symétrique de ACD par rapport à AC).

Il sera donc venu constituer le polygone ombré AB_1CD_1 (polygone qui est symétrique de $ABCD$ par rapport à AC). Donc P' ne sera pas directement superposable à P et nous devrons dire que deux polygones symétriques par rapport à une droite sont inversement égaux, quand ils n'ont pas d'axe de figure.

C. Q. F. D.

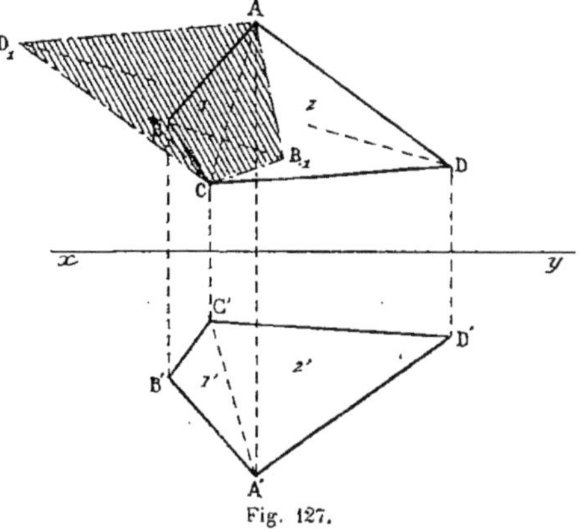

Fig. 127.

REMARQUE I. — Il résulte de là qu'un carré, un $\triangle$ isocèle, un polygone régulier quelconque[1] est superposable à son symétrique sans retournement, car ces polygones ont tous un axe de figure.

REMARQUE II. — Il en résulte encore que, quand deux polygones symétriques par rapport à une droite n'ont pas d'axe de figure, les $\triangle$ qui les constituent sont disposés en ordre inverse.

REMARQUE III. — Ce qui précède prouve que l'on peut appeler $\triangle$ *symétriques* des $\triangle$ qui ont leurs éléments deux à deux égaux, mais disposés en ordre inverse. Car il serait facile de voir en faisant la figure que, une fois la superposition de deux côtés effectuée sans retournement, les troisièmes sommets se trouvent placés symétriquement par rapport à ce côté commun.

Théorème IV. — *Deux figures symétriques d'une troisième*

---

1. On appelle *polygone régulier* un polygone qui a tous ses côtés et ses angles égaux.

par rapport à deux axes rectangulaires sont symétriques par rapport au point de rencontre des deux axes.

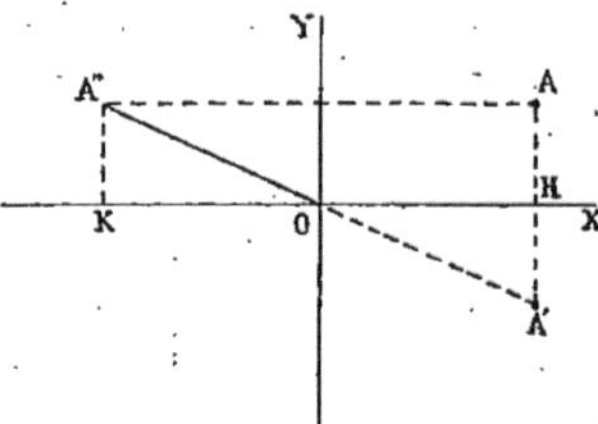

Fig. 128.

En effet, si A' et A'' sont les points symétriques du point A pris dans la figure F, les deux Δ A'OH et A''OK étant égaux, A'O est le prolongement de A''O et lui est égal.

Donc les figures F' et F'' sont symétriques par rapport au point O.   C. Q. F. D.

Des méthodes générales contenues dans ce premier livre de géométrie.

L'étude que nous venons de faire de la ligne droite, dans ce premier livre de géométrie, nous suggère les réflexions suivantes :

Beaucoup de théorèmes y ont été démontrés uniquement par l'examen attentif de la figure en utilisant les données ou hypothèses, les yeux suffisant à cet effet.

Mais un grand nombre de ces théorèmes n'ont pu être démontrés qu'à l'aide de l'emploi judicieux de quelques *méthodes* détournées, méthodes bien simples, peu nombreuses et bien faciles à retenir et à appliquer.

Ces méthodes, nous allons les résumer dans le tableau suivant, qu'il convient de bien savoir par cœur :

1° Pour prouver que des longueurs d'une figure sont égales, on a employé ou la méthode des deux Δ égaux ou celle du Δ isocèle. (Voir page 39 et page 43.) Total : deux méthodes.

2° Pour prouver que deux angles qui n'ont pas leurs côtés plles ou pp. sont égaux, on a employé encore ou la méthode des deux Δ égaux ou celle du Δ isocèle. (Voir page 39 et page 43.)

3° Pour prouver que deux longueurs sont inégales (ou que deux angles sont inégaux), on a employé la méthode des deux $\triangle$ ayant deux côtés égaux chacun à chacun, l'angle compris étant inégal (ou le troisième côté étant inégal). (Voir page 38 et page 40.)

4° Pour prouver que deux longueurs ayant même extrémité sont inégales, on a prouvé souvent cette autre chose qu'il existe sur celle qu'on soupçonne être la plus grande un point également distant des extrémités libres, et on a alors appliqué le théorème du côté d'un $\triangle$ inférieur à la somme des deux autres.

(On a aussi quelquefois ramené la question à une ligne brisée convexe enveloppée inférieure à une ligne enveloppante.)

5° Pour prouver que trois points sont en ligne droite, on les joint deux à deux et on démontre, ou que des angles formés sont supplémentaires, ou que des angles opposés par le sommet sont égaux. (Voir page 25 et page 28.)

6° Pour prouver que deux droites d'une figure sont plles, on a eu enfin six méthodes à sa disposition, consistant à démontrer qu'elles sont pp. à une même droite :

ou qu'elles forment avec une sécante des angles alternes-internes ou correspondants égaux ;

ou qu'elles forment des angles internes supplémentaires ;

ou qu'elles sont en deux points à égale distance ;

ou qu'elles sont plles à une troisième droite ;

ou qu'elles forment avec deux droites déjà reconnues plles des angles égaux (voir page 62) ;

ou enfin qu'elles entrent dans un quadrilatère où deux côtés opposés sont égaux et plles.

7° Pour prouver que trois droites sont concourantes,

on prouve que ces droites sont en même temps des droites qu'on sait déjà être concourantes (voir page 73), ou on démontre que le point de rencontre des deux premières a une propriété qui ne peut appartenir qu'à la troisième. (Voir page 55.)

La nécessité où l'on est chaque fois d'utiliser les données, jointe à l'examen attentif de la figure, indiquera en général assez facilement à laquelle de ces méthodes il conviendra de donner la préférence.

Et de la sorte, l'élève étant guidé, beaucoup de démonstrations seront toujours les mêmes, et on pourra les retrouver tout seul, en essayant successivement ces quelques méthodes.

Remarque. — Il est bien évident qu'au lieu de chercher dès le début quelle est bien la méthode qui pourrait réussir, l'élève pourrait arriver à la solution en disant : voici l'hypothèse — voici ce qui en découle.

De déductions en déductions, il arriverait alors quelquefois à une propriété finale qui entraîne naturellement la solution cherchée.

Mais cette façon de procéder est dangereuse à conseiller, surtout quand les conséquences de l'hypothèse sont multiples, car parmi les idées qui se pressent alors en foule, laquelle faut-il suivre pour aboutir ?

Déplacement d'une figure plane de forme invariable

Etant donnée une figure plane, si on la déplace de façon à lui faire occuper une autre position dans le plan, on peut la déplacer après l'avoir au préalable complètement retournée — ou sans avoir fait ce retournement.

Dans ce qui va suivre, nous ne traiterons que le cas où ce déplacement a été obtenu sans retournement préalable.

Principe fondamental.

La position nouvelle d'une figure est connue complètement si je connais les positions nouvelles de deux de ses points.

En effet, si dans la figure F je prends deux points A et B, puis un troisième quelconque M, ce point M formera avec A et B un triangle MAB de forme invariable (puisque, quand on déplace une figure, ni les distances ni les angles ne sont altérés). Dès lors, si A et B sont venus en A' et B', le point M s'appliquera de lui-même sur le troisième sommet du Δ directement égal qu'on formerait avec les trois longueurs AB, BM et AM, c'est-à-dire s'appliquera sur le point spécial ainsi obtenu M'. Il en est de même pour tous les autres points, qui tous viendront en des places faciles à assigner d'avance.

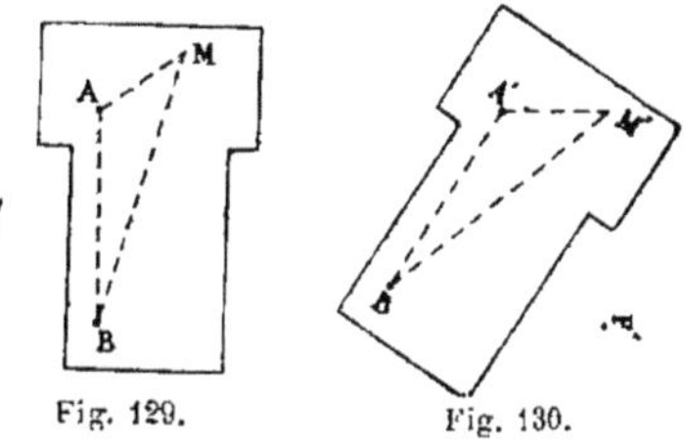

Fig. 129.   Fig. 130.

Donc deux points suffisent.   C. Q. F. D.

Le déplacement d'une figure dans son plan peut évidemment se faire n'importe comment. Toutefois il y a lieu de considérer deux sortes de déplacements simples, appelés l'un *translation*, l'autre *rotation*.

Nous allons nous occuper uniquement ici de la translation.

Translation.

On dit qu'une figure est animée d'un *mouvement de translation* quand tous ses points décrivent dans le même sens des droites parallèles et égales.

Pour prouver qu'un pareil mouvement d'ensemble est possible, prenons au hasard sur la figure plane F deux points A et C, piquons-y par la pensée deux pointes; par A menons au crayon, sur le plan, une droite quelconque AX et par C menons une pile à AX. Enfin de l'une des mains touchons la pointe A et de l'autre touchons la pointe C. On peut évidemment s'arranger de façon que A décrive sur AX une droite AA' et que C décrive en même temps sur la plle un chemin CC' égal à AA'.

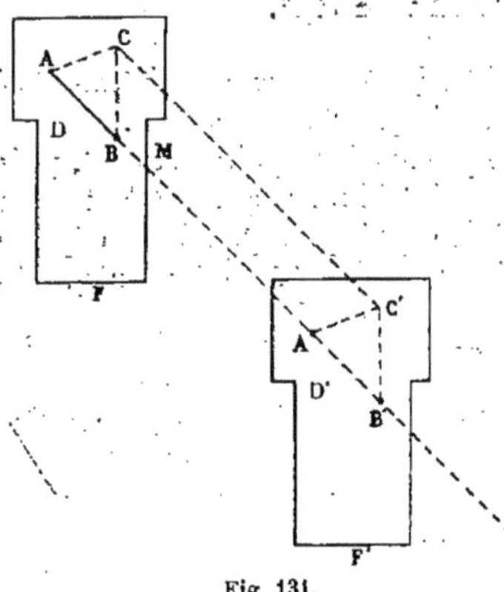

Fig. 131.

Cela posé, il est clair que, pendant que A et C se meuvent en décrivant les côtés du pllgr. AA'CC', la figure tout entière F se meut avec. Il est non moins clair que, quand un point quelconque D de la figure F viendra s'arrêter en un point D', la droite DD' sera égale et plle à AA'. Car les deux $\triangle$ ACD et A'C'D' étant égaux, les angles CAD et C'A'D' sont égaux, donc, comme A'C' est plle à AC, forcément A'D' sera plle à AD, et, comme A'D' = AD,

la figure ADA'D' sera un pllgr. Donc DD' sera bien égal et plle à AA'.

Par conséquent, les points de la figure F auront, tous, décrit des droites parallèles et égales à AA'.

On aura donc bien imprimé de la sorte à la figure F ce que nous avons appelé un mouvement de translation.

———

Remarque. — On peut encore un peu simplifier ce mouvement. Car, si au lieu de toucher deux points quelconques A et C on avait choisi deux points A et B situés sur la direction AX pour les déplacer tous deux parallèlement à AA', il eût été inutile de s'occuper du chemin parcouru par B : il est forcément égal à AA' (puisque AB est égal à A'B').

Par conséquent, le déplacement par translation eût encore été assuré.

———

Dans un mouvement de translation, tous les points A, B, C... de la figure décrivant des droites plles et égales à AA', il

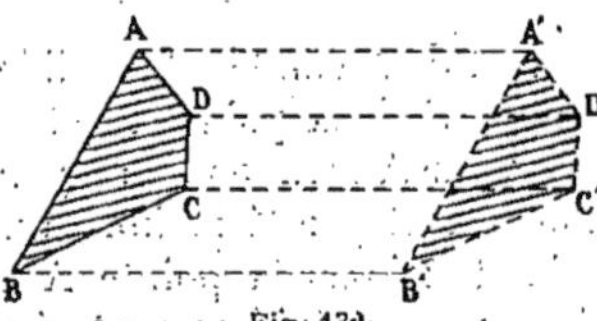

Fig. 132.

est évident que pour déplacer par translation un polygone ABCD, et *dessiner* sa nouvelle position, *il suffira de se donner la position* A' *d'un seul point.*

En effet on joindra AA'; puis par tous les sommets B,

C, D on mènera des droites BB′, CC′, DD′, égales et plles
à AA′.

Dans le même ordre d'idées, quand une figure F a été déplacée
et amenée en F′ par un mouve-
ment dont on ignore la nature, il
y aura un moyen bien simple
pour savoir si ce déplacement a
été obtenu par une translation ou
non :

Il suffira de prendre deux
points A et B sur F, de chercher
les points A′ et B′ où ils sont
venus se placer et de joindre AB
et A′B′.

Si A′B′ n'est pas égal et plle

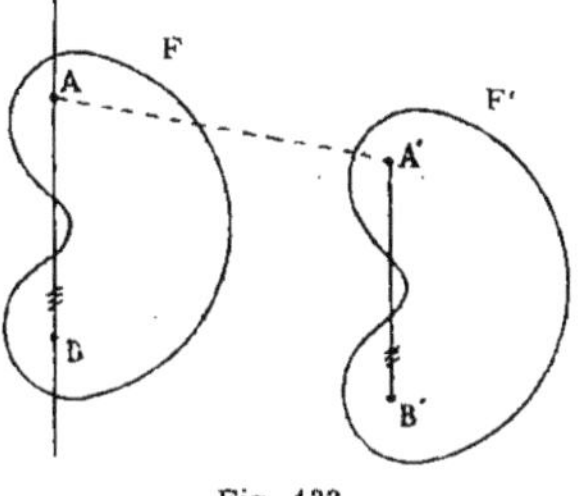

Fig. 133.

à AB, c'est qu'il n'y a pas eu translation. Si au contraire A′B′
est égal et plle à AB, c'est que le déplacement a été le résultat
d'une translation (translation dont *la valeur est* AA′ *dans la
direction* AA′).

On dit alors simplement que la translation est (AA′).

Composition de plusieurs translations.

On peut évidemment imprimer à une figure F des translations
dans une première direction, puis dans une
autre, etc.

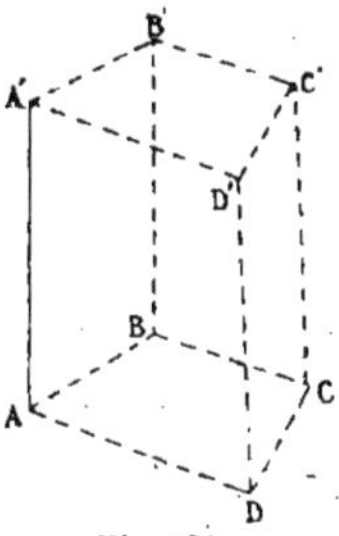

De telle sorte que la droite AA′, tracée
dans cette figure F, peut venir d'abord en BB′,
puis en CC′, puis enfin en DD′ (la figure suivant
chaque fois le mouvement, parallèlement).

Or il est évident que l'on aurait pu d'un
seul coup amener la droite AA′ dans cette
position finale DD′ par une seule et unique
translation, la translation AD.

Ce qui nous autorise à dire que les translations (AB), (BC) et (CD) peuvent être, au
point de vue du résultat final, remplacées par la seule translation (AD).

Fig. 134.

Cette translation unique s'appellera la *résultante des trois autres translations* et celles-ci seront les *translations composantes*.

On peut donc composer plusieurs translations en une seule, à l'aide de la règle suivante :

RÈGLE. — *Prenant un point quelconque A dans la figure, on le joindra aux différents points B, C, D où il s'arrête par suite de ses différents déplacements. Il en résultera une ligne brisée polygonale. La ligne droite qui ferme cette ligne brisée sera la translation résultante* (en grandeur et en direction).

§ 6. — Constructions relatives au premier livre

Usage de la règle et de l'équerre.

Pour tracer une ligne droite sur le papier, on se sert d'une *règle*, c'est-à-dire d'une pièce de bois très mince dont les faces sont bien planes, les bords étant alors nécessairement en ligne droite. Si la droite à construire doit passer par deux points, on amène l'un des bords de la règle à passer par ces deux points, puis avec la pointe d'un crayon ou avec un tire-lignes on suit exactement le bord de la règle.

Avant de se servir d'une règle, il faut toujours la vérifier, c'est-à-dire s'assurer que le bord est bien en ligne droite. Pour cela, on trace une première droite au crayon avec l'un des bords et on y marque deux points A et B. Puis on retourne la règle et, ayant amené une seconde fois le même bord à passer par les mêmes points A et B, on trace une nouvelle ligne au crayon le long du même bord. Si les deux lignes ainsi tracées coïncident, la règle est bonne. S'il y a un écart quelconque entre les deux traits, la soi-disant règle doit être rejetée.

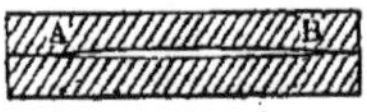

Fig. 135.

On appelle *équerre* une pièce très mince en bois ou en métal qui a la forme d'un Δ rectangle.

Avant de se servir d'une équerre il faut la vérifier, c'est-à-dire s'assurer :

1° Que les trois bords sont en ligne droite (on procédera comme pour une règle);

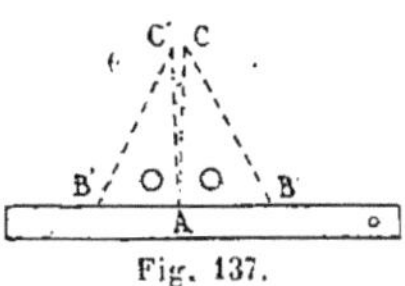
Fig. 136.

2° Que deux côtés sont perpendiculaires.

Cette dernière vérification se fera en appliquant l'un des côtés contre une règle (bien droite) et suivant avec le crayon le bord qu'on suppose être pp. On retourne alors complètement l'équerre, on applique à nouveau le même côté contre la règle (qui n'a pas dû bou-ger), et on suit de nouveau au crayon le bord à vérifier.

Fig. 137.

Si les deux traits au crayon coïncident, l'équerre est juste ; sinon, elle est fausse.

Avec la règle et l'équerre on peut faire les principales cons-tructions suivantes :

1° *Mener par un point une pp. à une droite;*
2° *Mener par un point une plle à une droite;*
3° *Construire la bissectrice d'un angle.*

1° *Pour mener par un point* A, *pris sur une droite* xy, *une pp.*, on met une règle le long de *xy*, le long de cette règle on fait glisser une équerre jusqu'à ce que le sommet de l'angle droit vienne en A, puis avec le crayon ou le tire-ligne on suit le bord.

(On pourrait aussi faire coïncider sans règle l'un des côtés de l'équerre avec la ligne donnée *xy*, puis placer une règle le long de l'hypoténuse de l'équerre et faire glisser cette équerre le long de la règle jusqu'à ce que l'autre côté de l'angle droit passe par le point A donné sur la droite *xy*.) (Figure facile à faire.)

(Si le point donné A est extérieur à la droite *xy*, mêmes pro-cédés.)

2° *Pour mener par un point* A *une plle à une droite donnée* xy, on a trois procédés, selon que l'on opère avec une ou deux équerres.

PREMIER PROCÉDÉ. — On place l'hypoténuse de l'équerre sur *xy*, puis on applique une règle le long de l'un des côtés de 'l'angle droit de l'équerre. Enfin, on fait glisser l'équerre le long de la règle jusqu'à ce que l'hypoténuse passe par le point A.

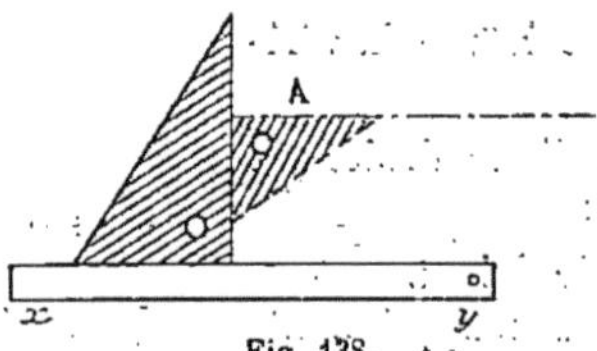

Fig. 138.

Deuxième procédé. — On place une règle le long de xy, puis une équerre le long de xy n'importe où. On fait enfin glisser le long de cette première équerre une deuxième équerre, jusqu'à ce qu'elle passe par le point A. La droite tracée le long est la plle cherchée (car deux droites pp. à une troisième sont plles entre elles).

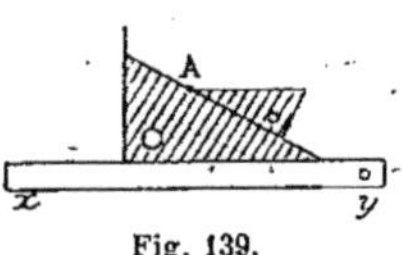

Fig. 139.

Troisième procédé. — Ayant appliqué contre la règle xy une équerre fixe, une deuxième équerre égale comme angles à la première est appliquée par un des côtés de l'angle droit sur l'hypoténuse de la première et on la fait glisser dans cette position jusqu'à ce qu'elle passe par le point A donné. — La droite tracée le long est la plle cherchée (car les angles alternes-internes sont égaux).

Remarque. — Il ne serait même pas nécessaire de faire passer l'hypoténuse de la première équerre par le point A. Il suffit que la deuxième équerre appuyée contre l'hypoténuse de la première passe par le point A. (Figure facile à faire.)

3° *Pour construire, avec la règle et l'équerre, la bissectrice d'un angle donné* BAC, il suffit d'obtenir un point également distant des deux côtés.

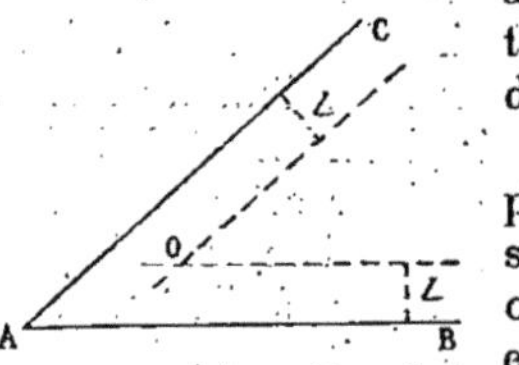

Fig. 140.

Or cela est facile; car, si on applique l'équerre le long de AC, il suffira de porter sur la pp. ainsi obtenue une longueur quelconque l et de mener par l'extrémité la plle à AC.

On mènera de même une pp. de longueur l à AB et on tracera la plle à AB.

Ces deux plles se conperont en un point O qu'il suffira de joindre au sommet A pour avoir la bissectrice.

Remarque. — Si le sommet de l'angle était en dehors des limites du papier, il suffirait de mener, non plus une, mais deux

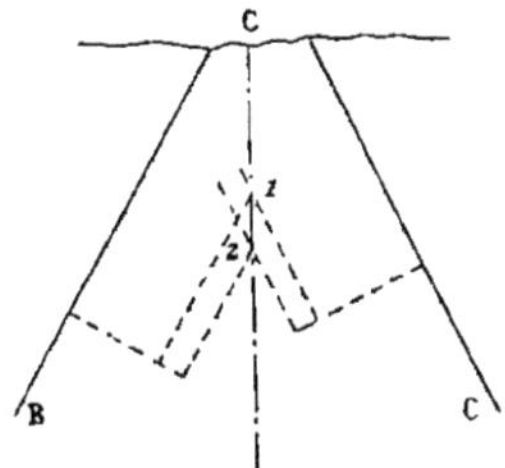

Fig. 141.

plles aux côtés B et C de l'angle. On obtiendrait de la sorte deux points *1* et *2* également distants. En joignant les points *1* et *2*, on aura la bissectrice cherchée.

FIN DU PREMIER LIVRE

TABLEAU SYNOPTIQUE
RÉSUMÉ DU PREMIER LIVRE

destiné à graver dans la mémoire la suite des principaux
théorèmes et l'esprit des démonstrations.

---

§ 1ᵉʳ. — **Angles.**

Les angles sont des grandeurs géométriques, qu'on étudie en leur subs-
tituant des arcs mesurant l'écartement des deux côtés.

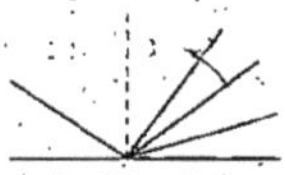

1° Par point pris sur droite, on peut mener une pp.
et une seule.

2° Tous les angles droits sont égaux entre eux (se
voit par superposition et par l'absurde).

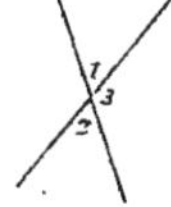

Fig. 1.

3° **Angles supplémentaires.** — Définition. (Angles adjacents sont
deux côtés en prolongement.)

Propriété : *Leur Σ[1] vaut deux droits.*

Réciproque. — Si deux angles adjacents sont supplémentaires, les seconds côtés sont en prolongement (le voir par
l'absurde).

4° **Angles opposés par le sommet.** — Définition.

Propriété : ils sont égaux.

Leurs bissectrices sont en ligne droite.

Réciproque.

Fig. 2.　　Fig. 3.

5° *Trois méthodes* pour prouver que trois
points sont en ligne droite — (ou que deux droites sont en prolongement).

---

§ 2. — **Triangles.**

Première propriété générale des Δ. — Chaque côté $<$ la somme des
deux autres.

$$a < b + c,$$
$$b < a + c,$$
$$c < a + b.$$

(Inutile de parler de la
différence.)

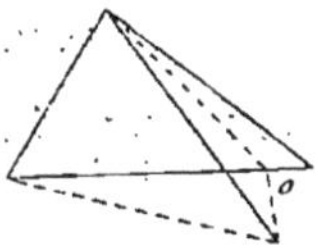

Figures directement et inversement égales.

Fig. 4.

Trois cas d'égalité des Δ $\left\{\begin{array}{l}\text{Les deux premiers cas} \\ \text{se démontrent par} \\ \text{superposition.} \\ \text{Le troisième cas se démontre par l'ab-} \\ \text{surde à l'aide d'un lemme.}\end{array}\right.$

---

1. On désigne par la lettre Σ le mot *somme*.

Δ isocèle. — Propriété. { Angles à la base égaux.
La bissectrice de l'angle au sommet est médiane et hauteur.

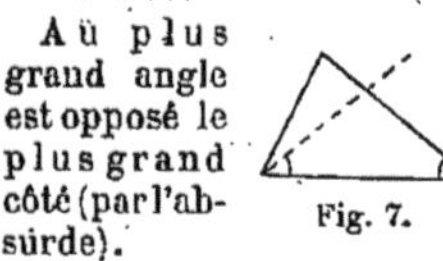

Réciproquement. — Si deux angles sont égaux, le Δ est isocèle (se démontre par retournement).

Fig. 5.   Fig. 6.

Deuxième propriété générale des Δ. { Au plus grand angle est opposé le plus grand côté (par l'absurde).

Fig. 7.

Réciproque.

Deux méthodes à employer constamment pour prouver que deux longueurs ou deux angles sont égaux.

Méthode des deux Δ égaux;
Méthode du Δ isocèle.

Une méthode pour prouver que deux angles sont inégaux (on les fait entrer dans deux Δ ayant deux côtés égaux et un troisième inégal).

---

§ 3. — Perpendiculaires et obliques.

Problème. — *D'un point, mener une droite pp. sur une droite.*

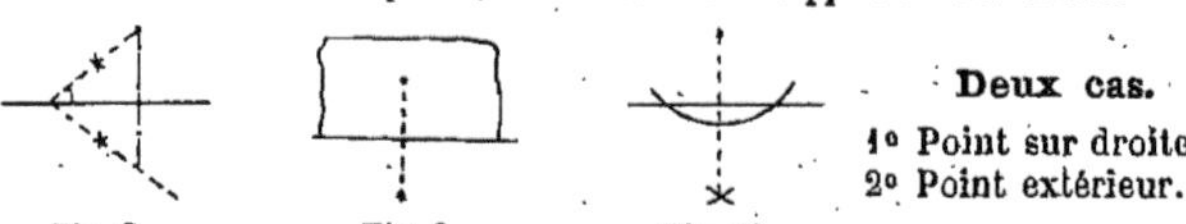

Deux cas.
1° Point sur droite;
2° Point extérieur.

Fig. 8.   Fig. 9.   Fig. 10.

Théorème. — *D'un point extérieur une seule pp.* (se démontre par l'absurde, en s'appuyant sur ce lemme que *toute pp. vient sur son prolongement* (quand on replie).

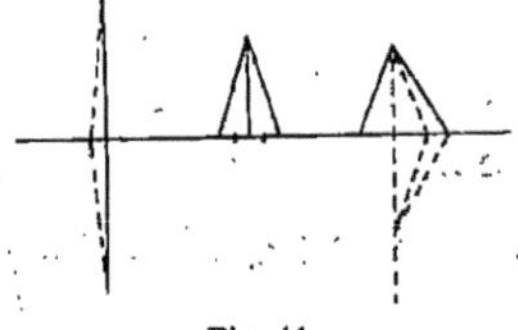

Propriétés des pp. comparées aux obliques.
(On s'appuie sur les lignes brisées enveloppées et enveloppantes).
Réciproques pour les obliques égales ou inégales (se prouvent par l'absurde).

Fig. 11.

Deux cas d'égalité des Δ rectangles. { Hypoténuse égale et un côté;
Hypoténuse égale et un angle (par superposition et par l'absurde).

Deux lieux géométriques.
Se trouvent ou par la méthode synthétique (de vérification);
ou par la méthode analytique (de recherche).

Fig. 12.   Fig. 13.

Grande utilité des lieux géométriques.
Façon de les trouver analytiquement par règle générale.
Construction d'un point (par la rencontre de deux lignes).
Application aux trois bissectrices d'un Δ ou aux trois pp. aux milieux des côtés (droites qui sont concourantes)..

§ 4. — Parallèles et applications.

Il en existe :

1. Car deux droites pp. à une troisième sont plles.
2. Car si deux angles alternes égaux, les droites ne peuvent se couper (puisque pp. à une même droite D).

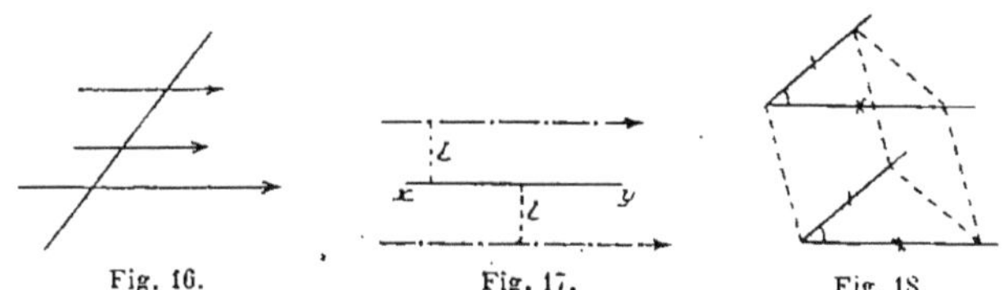

Fig. 14. 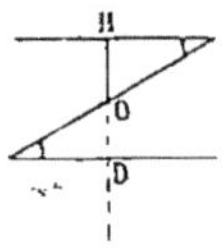   Fig. 15.

3. Si deux angles correspondants sont égaux, les droites sont plles.
4. Si deux angles internes sont supplémentaires, les droites sont plles.

Mais, quel que soit le moyen employé, il n'y a jamais qu'une seule plle, car : Postulatum d'Euclide. — *Corollaire.* Toute droite qui en coupe une autre coupe sa plle.

Cinq propriétés caractéristiques des droites parallèles.

D'où *cinq méthodes* (constamment employées, pour prouver dans un théorème ou problème le parallélisme de deux droites d'une figure).

APPLICATIONS.

1° Deux droites parallèles à une troisième sont plles entre elles.

Fig. 16.   Fig. 17.   Fig. 18.

2° Lieu des points distants d'une droite xy d'une longueur l (deux plles).
3° Angles à côtés plles ou pp. (*fig.* 18 et 19).

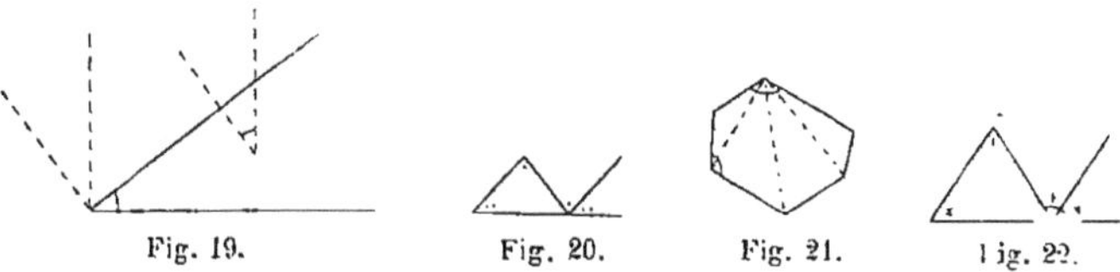

Fig. 19.   Fig. 20.   Fig. 21.   Fig. 22.

4° Σ des angles d'un Δ ou d'un polygone.
$$S = (n-2)\ 2\ \text{droits}.$$

5° Angle extérieur de $\Delta = \Sigma$ des deux angles intérieurs non adjacents.

6° Parallélogrammes. — Propriétés:
Côtés opposés égaux;
Angles.....;
Diagonales divisées en deux parties égales;
Centre.

Réciproque. — Si, dans un quadrilatère, les diagonales se coupent en leurs milieux, on a un pllgr.

Variétés du parallélogramme.

Rectangle.
(Quadrilatère à quatre angles égaux.   (Pllgr. et diagonales égales.)

Losange.
(Quadrilatère à quatre côtés égaux.   (Pllgr. et diagonales pp.)

Carré.   (Diagonales égales et pp.)

Applications.

1° Dans un Δ la plle menée par un milieu passe par un deuxième milieu.

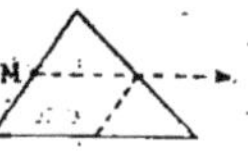

Fig. 23.

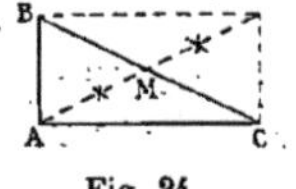

Fig. 24.

2° La droite des milieux est plle à la base.
3° Dans un Δ rectangle, la médiane de l'hypoténuse = 1/2 hypoténuse (on prolonge).

4° Les trois médianes dans un Δ concourent en un point au 1/3 de chacune d'elles (*fig.* 25).
5° Propriété de la base d'un Δ isocèle (*fig.* 26).
6° Les trois hauteurs d'un Δ concourent (on enveloppe le Δ) (*fig.* 27).

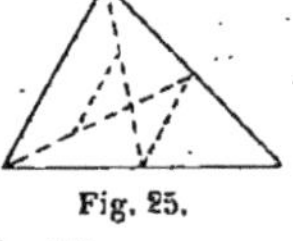

Fig. 25.

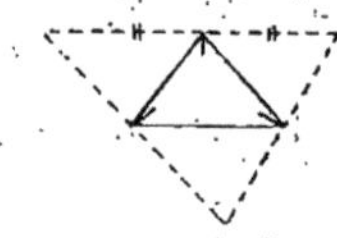

Fig. 26.

Fig. 27.

§ 5. — Symétrie.

I. — Par rapport à un point.

Le symétrique d'une droite limitée est une droite égale et plle, et le symétrique d'un polygone, un polygone égal (car une rotation de 180° amène la superposition).

Théorème. — La figure symétrique de F par rapport à un point est toujours la même, quel que soit le point choisi.

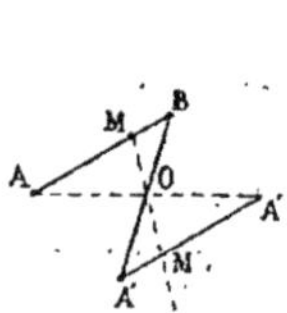

Fig. 28.

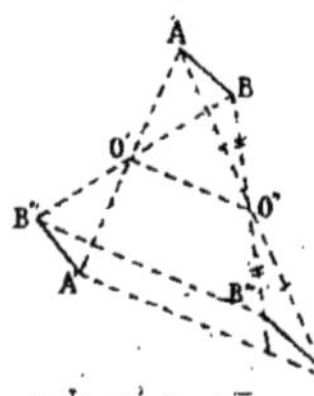

Fig. 29.

II. — Par rapport a un axe.

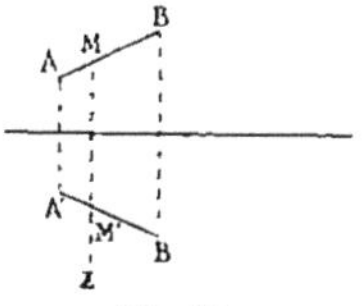

Fig. 30.

La figure symétrique d'une droite est une droite
égale.

La figure symétrique d'un polygone par rapport à
un axe est un polygone à côtés égaux et à angles
égaux (on replie de 180° autour de l'axe).

Théorème. — Quand un polygone P a un axe
de figure, son symétrique P' lui est superposable sans retournement.

Sinon, jamais son symétrique P' ne lui est superposable sans un retournement préalable.

Donc deux polygones symétriques par rapport à un axe sont inversement
égaux à moins que le premier n'ait un axe de figure.

Translation.

Mouvement où tous les points de la figure décrivent des droites plles
et égales.

Un pareil mouvement est possible quand on déplace de cette façon deux
points.

Construction de la figure nouvelle obtenue par translation, quand on
connaît la position nouvelle d'un seul point.

Comment reconnaître qu'un déplacement a été obtenu par translation.

Composition de plusieurs translations.

---

§ 6. — Constructions.

Règle. — Vérification.
Equerre. — Vérification.
Par un point mener une pp. à une droite.
Par un point mener une plle à une droite.
Construire la bissectrice d'un angle.

LIVRE II

De la circonférence.

Sommaire :

§ 1ᵉʳ. — Généralités

Définition. — On appelle *circonférence de cercle* ou simplement *circonférence* le lieu géométrique des points situés à une distance donnée d'un point fixe, appelé *centre*.

La distance au centre s'appelle *rayon*.

---

1. Cet ordre de paragraphes doit être soigneusement appris par cœur.

Il est facile de voir qu'il existe des lignes satisfaisant à la définition ci-dessus. En effet, nous avons déjà vu (page 3) que si
on prend l'instrument appelé *compas*, l'une des pointes étant
en O, l'autre pointe pourra tracer d'un mouvement continu une
ligne dont les points seront évidemment tous à une distance
du centre égale à l'ouverture du compas.

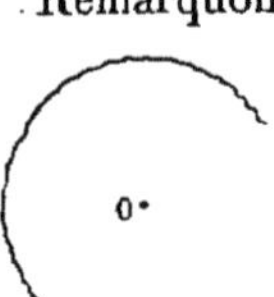

Fig. 142.

De plus, si on joint le centre O à un point quelconque A de cette ligne, il est clair que les points
situés entre O et A seront plus rapprochés du centre,
de même que les points situés au delà de A seront
plus éloignés.

Donc la ligne qu'a tracée le compas est bien un lieu géométrique.

Donc, il existe bien des circonférences.

Nous allons maintenant étudier la forme exacte ainsi que les
propriétés de ce lieu géométrique, c'est-à-dire de la ligne dite
circonférence.

PREMIÈRE PROPRIÉTÉ D'UNE CIRCONFÉRENCE. — *La ligne appelée
circonférence ne peut être coupée par une droite qu'en deux
points. Elle peut du reste n'avoir avec certaines droites qu'un
point commun.*

Remarquons d'abord que, quand on a tracé au compas une circonférence, rien ne prouve que la ligne ainsi
obtenue (examinée par exemple à la loupe) n'est
pas légèrement sinueuse.

Je dis qu'il n'en est rien.

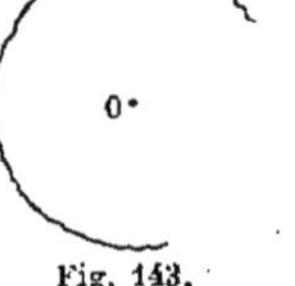

Fig. 143.

Pour cela considérons une portion de circonférence de centre O et *non entièrement tracée*
avec le compas. Prenons-y un point quel-
conque A, et par ce point A menons une droite indéfinie xy
(non pp. au rayon OA). Si de O nous
menons la pp. OH sur xy, le symétrique A' de A par rapport au point H
sera tel que A'O = AO (obliques également écartées). Donc, la distance A'O
étant égale au rayon, ce symétrique A'
doit être un deuxième point de la circonférence.

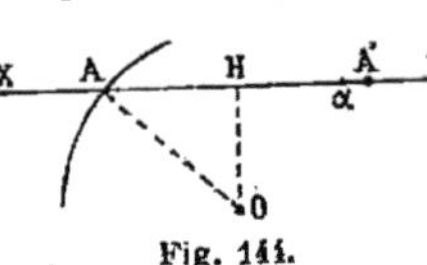

Fig. 144.

D'autre part, tout point α autre que A' pris à droite de H
sur xy ne saurait être à même distance de O que le point A'
(car deux obliques inégalement écartées sont inégales). De même
pour tous les points autres que A pris à gauche de H.

Donc il y a sur la droite xy, oblique au rayon, deux points d'intersection, et pas davantage.

En second lieu, si la droite considérée xy est pp. au rayon OA, il est évident que tous les points de xy autres que A sont plus loin du centre comme pieds d'obliques.

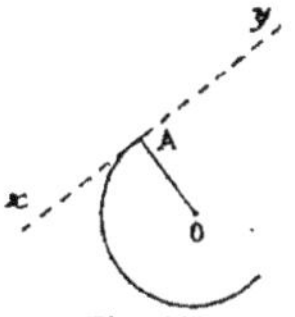

Donc le théorème est démontré.

Il résulte de là que la courbe appelée circonférence est une courbe *convexe* (car, par définition, une courbe est dite convexe quand une droite ne la coupe jamais en plus de deux points).

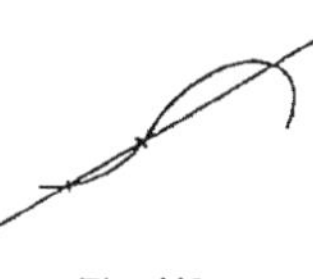

Fig. 145.

(Comme, quand une courbe présente des sinuosités, une droite peut la couper en trois points, on voit donc bien que la circonférence n'est pas une ligne sinueuse.)

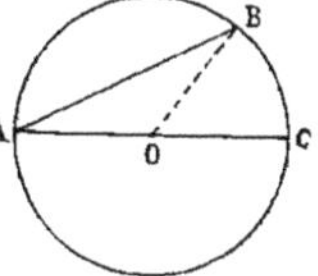

Fig. 146.

Définition. — On appelle *corde* d'une circonférence, la droite limitée qui joint deux points pris sur cette circonférence.

On appelle *diamètre* toute droite passant par le centre limitée aux deux points d'intersection.

DEUXIÈME PROPRIÉTÉ D'UNE CIRCONFÉRENCE. — *Le diamètre est la plus grande des cordes.*

Pour démontrer que le diamètre AC est plus grand que la corde AB, nous savons qu'il y a une méthode consistant à prendre sur la droite estimée la plus grande un point également distant des deux extrémités non communes. Ce point est ici le point O.

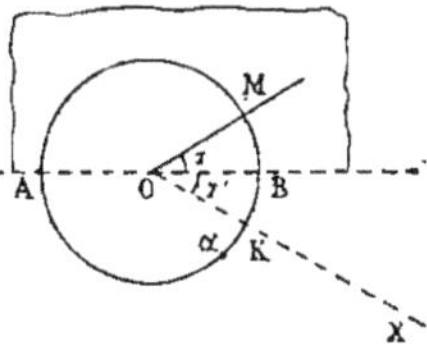

Or, on a : $\qquad AB < AO + BO$;

c'est-à-dire $\qquad AB < AO + OC$;

donc $\qquad AB < AC$.

Fig. 147.

TROISIÈME PROPRIÉTÉ D'UNE CIRCONFÉRENCE. — *Toute circonférence est symétrique par rapport à un diamètre quelconque.*

En effet, replions la partie supérieure du plan autour du diamètre AB comme charnière.

A un point quelconque M de la circonférence correspond un rayon OM. Ce rayon OM, après la rotation, vient s'appliquer le long de la droite OX qui fait en dessous un angle $1'$ égal à l'angle 1. Mais OX coupe la circonférence en un point K et, forcément, M tombe en K.

Fig. 148.

Donc tous les points de l'arc supérieur AMB viennent s'appliquer sur des points de l'arc inférieur AKB.

D'ailleurs, il n'y a pas un point α de l'arc inférieur où ne vienne tomber un point de l'arc supérieur (car il suffirait de reprendre la démonstration précédente en repliant la partie inférieure du plan).

Donc les deux arcs AMB et AKB coïncident entièrement.

Donc tout diamètre partage la circonférence en deux arcs superposables, c'est-à-dire égaux.

Définition. — On appelle *cercle*, la portion du plan limitée par la circonférence.

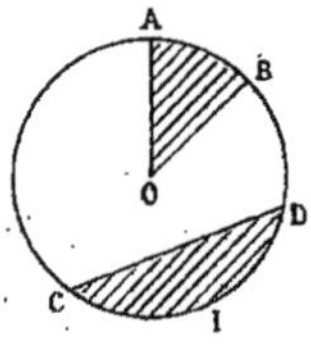

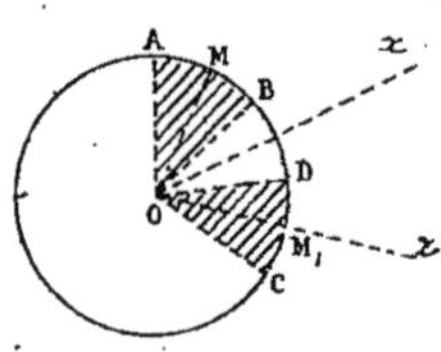
Fig. 149.

On appelle *secteur circulaire*, la portion du plan comprise entre deux rayons et l'arc. Ex. AOB.

On appelle *segment de cercle*, la portion du plan comprise entre une corde et l'arc soustendu. Ex. CID.

N. B. — Souvent, mais à tort, pour abréger le langage, on emploie le mot *cercle* au lieu du mot *circonférence*.

---

§ 2. — Angles au centre et arcs

Théorème I. — *Dans un même cercle ou dans des cercles égaux, à des angles au centre égaux correspondent des arcs égaux.*

Soient les angles égaux AOB et COD.

Je dis que l'arc AB égale l'arc CD.

Pour cela, menons la droite Ox bissectrice de $\overset{\frown}{BOD}$ et replions autour de Ox, B viendra en D, et, à cause de l'égalité des deux angles au centre, OA s'appliquera de lui-même sur OC.

Fig. 150.

Ainsi, déjà les extrémités des arcs AB et CD coïncident. Maintenant, soit un point quelconque M de l'arc AB. Le rayon OM viendra évidemment, par le fait de la rotation, s'appliquer sur une droite Oz située entre OC et OD, et le point M viendra en M_1 au point où Oz coupe la circonférence.

Donc, tous les points de l'arc AB, d'eux-mêmes, viennent coïncider avec les points de l'arc CD.

Et réciproquement ceux de l'arc CD coïncident avec ceux de l'arc AB.

Donc, les deux arcs sont superposables, c'est-à-dire égaux.

C. Q. F. D.

Théorème II. — *Dans un même cercle ou dans deux cercles égaux, à des angles au centre inégaux correspondent des arcs inégaux.*

Soit l'angle AOB < COD.

Je dis que l'on a : arc AB < arc CD.

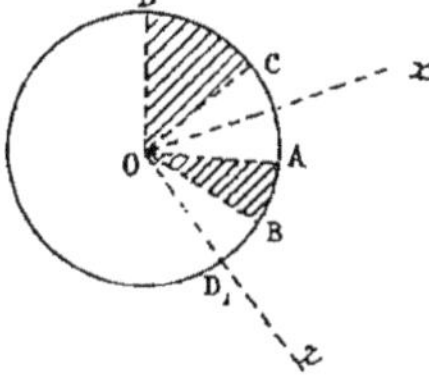
Fig. 151.

Replions encore autour de la bissectrice Ox, C viendra en A, mais OD tombera au delà de OB, par exemple en Oz.

Donc l'arc CD viendra s'appliquer en AD_1.

Ce qui prouvera que l'arc AB est moindre que l'arc CD.

C. Q. F. D.

Théorème réciproque III. — *Si des arcs sont égaux, les angles au centre le sont* (démonstration facile par l'absurde).

Théorème réciproque IV. — *Si des arcs sont inégaux, les angles au centre correspondants le sont* (démonstration facile par l'absurde).

Remarque. — Il résulte de ces théorèmes un premier moyen détourné ou **première méthode** *pour prouver par le raisonnement que deux arcs sont égaux ou inégaux.* Il suffit de prouver cette autre chose, à savoir que les angles au centre correspondants sont égaux ou inégaux.

---

§ 3. — Arcs et cordes

Théorème I. — *Dans un même cercle ou dans deux cercles égaux, si des arcs sont égaux, les cordes sous-tendues sont égales.*

Soit arc AB = arc CD.

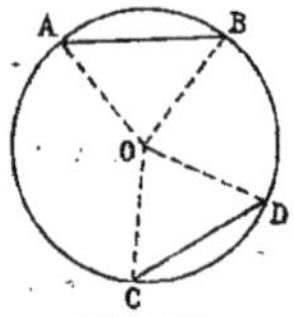

Je dis que :

Corde AB = corde CD.

Pour le prouver, il est logique de songer à employer la *méthode* des Δ égaux.

Considérons donc les Δ AOB et COD. Ils sont égaux, puisque, d'après le paragraphe précédent, les angles au centre sont égaux.

Fig. 152.

Donc : Corde AB = corde CD.   C. Q. F. D.

REMARQUE. — Quand nous parlons de l'arc AB sous-tendu par une corde AB, nous parlons toujours de l'arc moindre qu'une 1/2 circonférence limité aux deux points A et B.

Théorème II. — *Si des arcs sont inégaux, les cordes sous-tendues sont inégales, et la plus grande corde correspond au plus grand arc.*

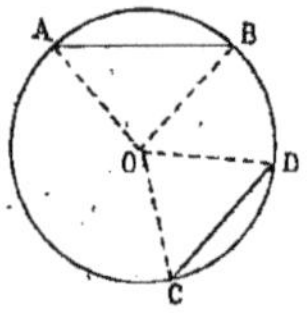

Soit arc AB < arc CD.

Je dis que la corde AB < corde CD.

Pour le prouver, il est logique de songer à employer la *méthode* connue des Δ ayant deux côtés égaux et les angles compris inégaux.

Fig. 153.

Considérons donc les deux Δ AOB et COD. Les angles au centre sont inégaux, d'après le paragraphe précédent.

Donc, comme les côtés qui les comprennent sont égaux, on a :

Corde AB < corde CD.   C. Q. F. D.

Théorème réciproque III. — *Si deux cordes sont égales, les arcs sous-tendus le sont* (démonstration par l'absurde).

Théorème réciproque IV. — *Si deux cordes sont inégales, les arcs sous-tendus le sont* (démonstration par l'absurde).

REMARQUE. — Cette théorie nous donne une **deuxième méthode** *pour prouver que deux arcs sont égaux ou inégaux*. Il suffit de prouver cette autre chose que les cordes correspondantes sont égales ou inégales.

---

§ 4. — Cordes et distances au centre

Lemme. — *Toute perpendiculaire menée du centre sur une corde passe par le milieu de la corde et le milieu de l'arc.*

Soit OH une droite pp. à la corde AB.

Le $\triangle$ OAB étant isocèle, cette droite est :

1° Médiane ; donc AH = BH ;

2° Bissectrice ; donc arc AI = arc IB.

C. Q. F. D.

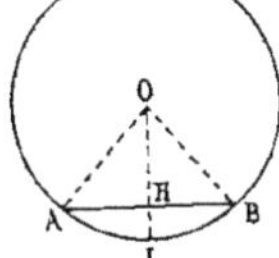

Fig. 154.

Théorème I. — *Dans un même cercle ou dans deux cercles égaux, si deux cordes sont égales, elles sont également distantes du centre.*

Soit corde AB = CD.

Je dis que les pp. OH et OK sont égales.

Pour le démontrer, prenons la *méthode* des $\triangle$ égaux.

Les $\triangle$ OHB et OKC sont rectangles, ont l'hypoténuse égale, de plus BH = DK comme moitiés de deux longueurs égales.

Donc OH = OK.

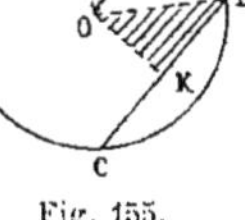

Fig. 155.

C. Q. F. D.

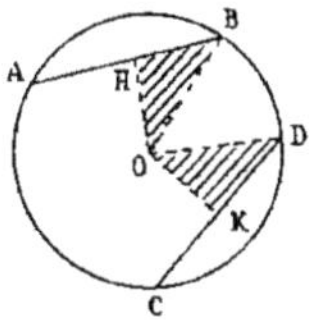

Théorème II. — *Si deux cordes sont inégales, elles sont inégalement distantes du centre et la plus grande corde est le plus près du centre.*

Soit corde CD > AB.

Je dis que OI < OH.

Puisque les cordes sont, par hypothèse, inégales, l'arc AB est plus petit que l'arc CD. On pourra donc prendre sur CD un arc CA_1 égal à AB et le point A_1 tombera à droite de CD ; dès lors la pp. OH_1 menée sur CA_1 traversera forcément la corde CD en un point R (puisque O est à gauche de CD et H_1 à droite).

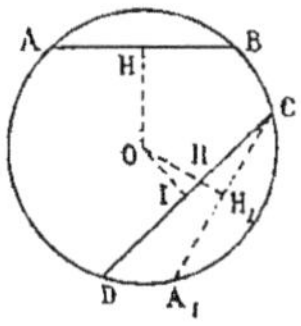

Et par conséquent on aura OH_1 > OR, mais jamais OR ne peut coïncider avec OI, puisque cela exigerait CD et CA′ parallèles.

Fig. 156.

Donc OR est une oblique.

Donc OR > OI.

Donc, *a fortiori*, OH_1 > OI.

Donc aussi OH > OI.   C. Q. F. D.

Théorème réciproque III. — *Si deux cordes sont également distantes du centre, elles sont égales* (démonstration par l'absurde).

Théorème réciproque IV. — *Si deux cordes sont inégalement distantes du centre, elles sont inégales, et la plus éloignée est la plus petite* (démonstration par l'absurde).

REMARQUE. — Il résulte de ce qui précède que, pour prouver *que deux cordes sont égales*, on peut à volonté démontrer autre chose :

ou que les angles au centre sont égaux;
ou que les arcs sous-tendus le sont;
ou que leurs distances au centre sont égales;
d'où trois méthodes à notre disposition.

---

§ 5. — Des tangentes

Première définition de la tangente à un cercle.

Définition. — On dit qu'une droite est tangente à une circonférence *quand elle n'a avec elle qu'un seul point commun dit* point de contact, *les autres points étant extérieurs*[1].

Il existe de pareilles droites. En effet :

Théorème. — *Quand une droite est pp. à l'extrémité d'un rayon, elle n'a qu'un point commun avec la circonférence et tous les autres points sont extérieurs;* en d'autres termes, elle est tangente.

---

1. On voit que la définition de la tangente à un cercle est double. Il faut que non seulement il n'y ait qu'un point commun, mais encore que tous les autres points soient hors du cercle.

Soit en effet une droite BC pp. en A à la droite OA.

Pour démontrer que BC est une tangente, il suffira de prouver que tous les
points autres que A sont en dehors de la
circonférence, c'est-à-dire sont à une distance du centre plus grande que le rayon.
Mais cela est facile à voir, car, si nous
prenons sur BC un point quelconque α
aussi voisin qu'on voudra de A, Oα sera

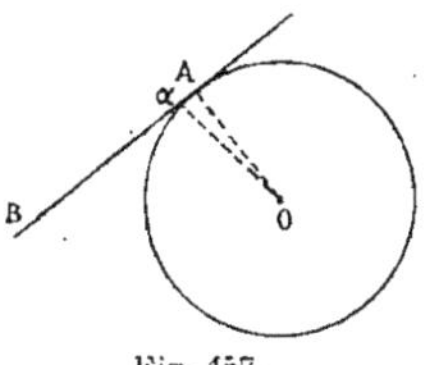

Fig. 157.

une oblique, donc Oα sera supérieur à OA, c'est-à-dire supérieur
au rayon.

Donc, cette pp. à l'extrémité du rayon est une tangente.

C. Q. F. D.

Il est clair qu'il y a peut-être d'autres façons que nous igno-
rons de mener des tangentes à un cercle en un point.

Je dis que, quel que soit le moyen employé, on ne peut jamais
avoir qu'une seule droite tangente en A. En effet :

Théorème. — *Quand une droite est tangente à un cercle en
un point, elle est pp. au rayon qui passe par ce point.*

Soit en effet AB une tangente en C obtenue par n'importe
quel moyen. Tous les points autres que le
point C étant par définition extérieurs
(puisque AB est supposé tangente), OC est
la plus courte de toutes les droites allant du
centre O à cette droite AB. Donc OC est
pp. à AB.   C. Q. F. D.

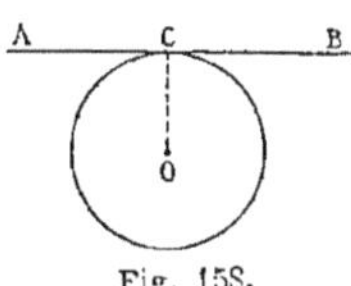

Fig. 158.

Ce théorème démontré, il est impossible que deux procédés
donnent chacun une tangente différente. Car, sans cela, du point
de contact C partiraient deux pp. au rayon OC, ce qui est impossible.

Dès lors, toutes les fois que nous aurons à mener une tangente
à un cercle, nous pourrons nous contenter de mener la pp. à
l'extrémité du rayon, et ne pas chercher d'autre procédé.

N. B. — Il résulte évidemment de ce qui précède que, dans
tous les théorèmes où on aura à démontrer qu'une droite est
tangente à une circonférence en un de ses points, il suffira d'employer la *méthode* détournée suivante :

Prouver qu'elle est pp. au rayon.

De même que dans tous les théorèmes où on aura à utiliser qu'une droite est tangente, on pourra, au lieu de dire qu'elle est tangente, dire (ce qui revient au même) qu'elle est pp. à l'extrémité du rayon.

Deuxième définition de la tangente à un cercle.

La définition que nous avons donnée précédemment de la tangente à une circonférence ne convient qu'à ce genre de courbe.

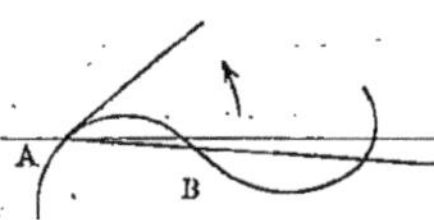

Fig. 159.

Il y en a une seconde absolument générale qui convient à la fois à la circonférence et à toutes les autres courbes, et que voici :

La tangente à une courbe, en un point A de cette courbe, est la position limite vers laquelle tend ou à laquelle arrive une sécante AB passant par ce point quand un second point d'intersection B avec la courbe se rapprochant du point A suivant une certaine loi, ou tend à se confondre, ou finit par se confondre avec lui.

Pour justifier cette définition, nous allons d'abord montrer que le deuxième point B d'intersection de la sécante AB et du cercle peut, dans un cas, arriver à se confondre avec A, et qu'alors la sécante AB atteint une position très nette.

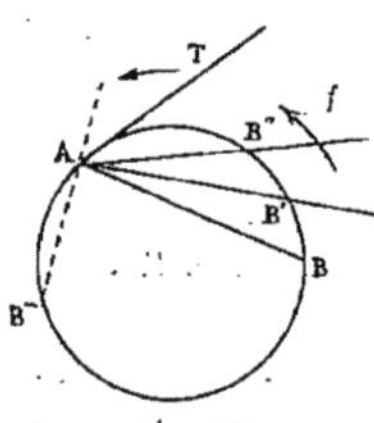

Fig. 160.

Le point B peut arriver en A, si nous considérons un mobile partant de B et marchant continuellement dans le sens de la flèche sur l'arc AB. A un moment donné il aura dépassé A, donc forcément il sera venu au préalable se confondre avec A.

Mais si nous joignons AB, AB', AB'', et que nous prolongions, il est clair que nous aurons ainsi les positions successives d'une droite indéfinie sécante au cercle, tournant autour de A dans le sens *f*, et il est non moins clair que, quand le second point d'intersection B sera venu se confondre avec le point A, cette sécante, qui ne peut pas brusquement disparaître, occupera une position déterminée [qui n'est ni AB'', ni AB''' et que nous appellerons AT].

C'est cette position limite, qui existe (parce qu'elle ne peut pas ne pas exister), qu'on appelle la tangente en A à la circonférence.

Si maintenant nous imaginons que, prenant sur la circonférence deux points quelconques A et B, on prenne l'arc AB_1, moitié de l'arc AB, puis l'arc AB_2 moitié de l'arc AB_1, etc., il est clair que le point B ne pourra jamais venir en A, puisqu'on peut indéfiniment prendre la moitié de la moitié d'une quantité. Donc, dans le cas où le deuxième point B ne se meut pas d'un mouvement continu, et se meut par sauts intermittents suivant la loi que nous indiquons, la sécante AB ne pourra jamais évidemment arriver à se confondre avec la droite précédente AT, seulement elle en différera toujours de moins en moins. Cette droite AT sera donc encore ce qu'on appelle la limite de la sécante AB ; seulement ici, AB n'arrivant jamais à cette position limite, on devra dire que AB *tend* vers cette limite.

N. B. — Il nous reste maintenant, pour finir, à prouver que l'on a le droit de donner ainsi de la tangente à un cercle deux définitions. Et pour cela nous allons prouver que l'une entraîne l'autre.

Considérons une sécante AB au cercle, et du centre O menons la pp. OH sur AB. (On fera facilement la figure.) L'angle AOB ira évidemment en décroissant quand le point B se rapprochera du point A. Cet angle AOB tendant vers zéro, il en sera de même *a fortiori* de sa moitié, l'angle AOH. Par conséquent, la pp. OH se rapprochera de plus en plus du rayon OA, et même, si B se déplace d'une façon continue, OH finira par se confondre avec OA.

Or, dans toutes les positions qu'occupe la droite OH, la sécante AHB lui est toujours pp. Donc, à la limite, cela aura encore lieu ; en d'autres termes, la sécante limite sera forcément pp. au rayon OA.

Par conséquent, quand on regarde la tangente au cercle comme la limite des positions d'une sécante, cette sécante limite étant pp. à l'extrémité du rayon, on voit, d'après ce qui a été dit page 104, qu'elle n'est autre chose qu'une droite n'ayant avec la circonférence qu'un point commun, tous les autres points étant extérieurs.

Donc, les deux définitions reviennent au même.

Applications des tangentes.

PREMIÈRE APPLICATION. — **Théorème.** *Si d'un point P extérieur à un cercle partent deux tangentes :*

1° *Elles sont égales quand on les limite à leurs points de contact ;*

*2° La droite qui joint le point de départ des tangentes au
centre est également inclinée, et sur les tangentes et sur les
rayons allant aux points de contact;*

*3° Cette droite est encore pp. en son milieu à la corde de
contact.*

1° Pour prouver que les deux tangentes PA et PB sont égales,

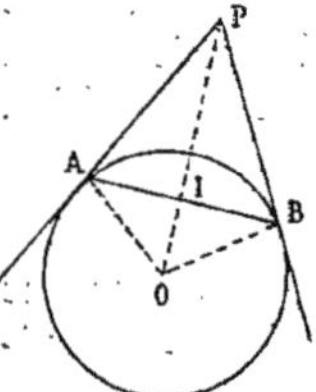

Fig. 161.

il n'y a évidemment qu'à employer la méthode détournée bien connue dite des Δ égaux,
et, pour constituer ces Δ, joindre AO, PO
et OB.

Or, ces Δ sont égaux. Car il n'y a pas de
tangentes qui ne soient pp. aux rayons, donc
ces Δ sont rectangles. De plus, ils ont l'hypoténuse commune et un côté de l'angle droit
égal. Donc PA = PB.

2° La même égalité de Δ prouve que PO est
bissectrice de l'angle des tangentes, et aussi de l'angle des
rayons.

3° Pour prouver que la droite AB qui joint les deux points de
contact (droite appelée corde de contact) est pp. à PO et est
partagée par PO en deux parties égales, il suffit de regarder la
figure, et de remarquer que dans le Δ isocèle PAB la bissectrice PO est hauteur et médiane.

C. Q. F. D.

DEUXIÈME APPLICATION. — *Quand un quadrilatère est circonscrit à un cercle, la somme des deux
côtés opposés est égale à la somme des
deux autres, et réciproquement.*

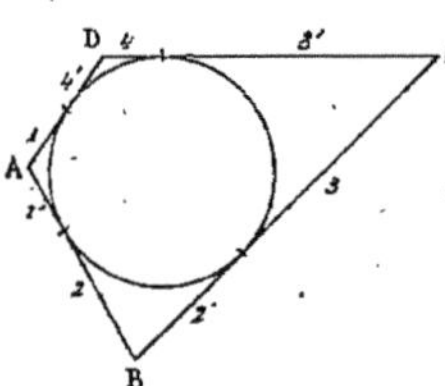

Fig. 162.

Soit ABCD un quadrilatère circonscrit à un cercle.

Je dis que :

$$AB + CD = BC + AD \ (1).$$

En effet, les deux sommes se com-
posent de parties deux à deux égales.

Réciproquement, si la relation (1) est satisfaite, le quadrilatère est circonscriptible à un cercle.

En effet, nous pouvons toujours circonscrire un cercle aux
trois côtés DA, AB, BC — et si cette circonférence n'était pas

tangente aussi à DC, du point D on pourrait alors mener une tangente DC_1, et on aurait :
$$AB + DC_1 = BC_1 + AD \quad (2).$$

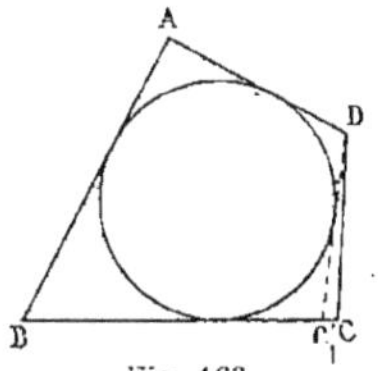

Mais alors, comme les égalités (1) et (2) coexisteraient, on aurait, en retranchant membre à membre :
$$CD - DC_1 = BC - BC_1,$$
$$= CC_1,$$

relation impossible.

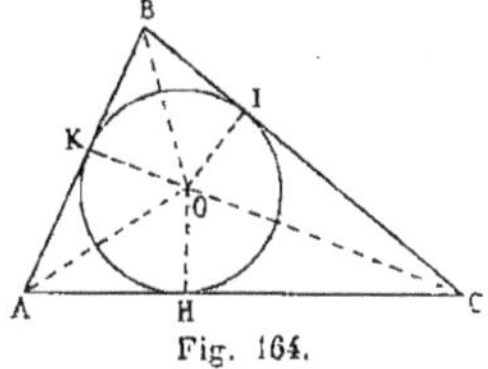
Fig. 163.

Donc, notre supposition doit être rejetée, et il faut que le cercle soit tangent à CD.

Donc le quadrilatère est circonscriptible quand ses côtés satisfont à la relation (1).   C. Q. F. D.

TROISIÈME APPLICATION. — *Si du point de rencontre des bissectrices d'un Δ on mène une pp. à un côté, la circonférence ayant pour centre ce point et pour rayon cette pp. est tangente aux trois côtés.*

Soit O le point de rencontre des trois bissectrices du Δ ABC, on sait que ce point est à égale distance des trois côtés, donc les pp. OH, OK, OI sont égales. Donc la circonférence décrite du point O comme centre avec OH pour rayon passe par les deux autres points K et I.

Mais en ces points H, K, I les côtés du Δ sont pp. aux rayons. Donc ces côtés sont des tangentes au cercle.
                    C. Q. F. D.

Fig. 164.

(Le cercle tangent aux trois côtés d'un Δ s'appelle *cercle inscrit dans le Δ*.)

REMARQUE. — Si du point de rencontre O′ de deux bissectrices extérieures au Δ ABC, on menait la pp. O′H′ au côté BC, la circonférence de centre O′ et de rayon O′H′ sera tangente aux deux autres côtés (démonstration analogue).

Le cercle ainsi obtenu, tangent à un côté du Δ et tangent aux prolongements des deux autres, s'appelle *cercle ex-inscrit au Δ*.

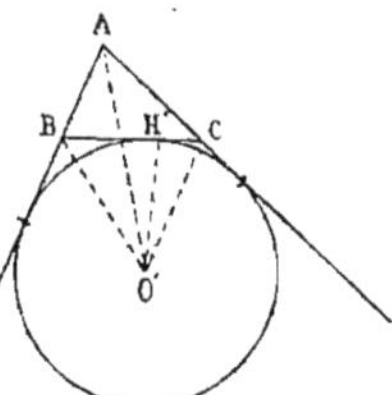
Fig. 165.

(Il y a évidemment trois cercles ex-inscrits au Δ ABC.)

QUATRIÈME APPLICATION. — *Si on désigne par a, b, c les nombres qui mesurent respectivement, dans le Δ ABC, les côtés opposés aux angles A, B, C, et par 2p le périmètre du Δ, les segments déterminés par le cercle inscrit sur les côtés sont égaux aux binômes* (p—a), (p—b), (p—c).

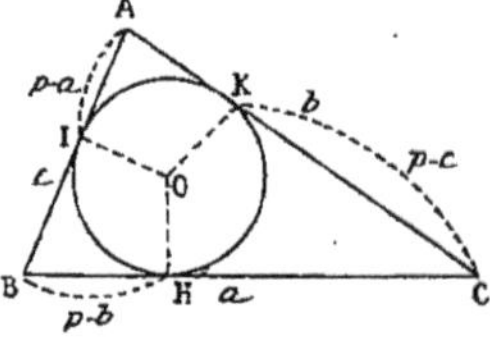

Fig. 166.

En effet le périmètre du Δ se compose de deux fois le segment BH, plus deux fois le segment CK, plus deux fois le segment AI.

On aura donc : $2p = 2\mathrm{BH} + 2\mathrm{CK} + 2\mathrm{AI}$;

c'est-à-dire $p = \mathrm{BH} + \mathrm{CK} + \mathrm{AI}$.

Mais $\mathrm{CK} = \mathrm{CH}$.

Donc $p = \mathrm{BH} + \mathrm{CH} + \mathrm{AI}$;

c'est-à-dire $p = a + \mathrm{AI}$;   d'où $\mathrm{AI} = p - a$.

On trouvera de même par analogie :

$$\mathrm{BH} = p - b \quad \text{et} \quad \mathrm{CK} = p - c.$$

C. Q. F. D.

CINQUIÈME APPLICATION. — *Le cercle ex-inscrit détermine sur le prolongement des deux côtés de l'angle dans lequel il est placé deux segments égaux au demi-périmètre du Δ, et les segments qu'il détermine sur le troisième côté sont encore égaux aux binômes.*

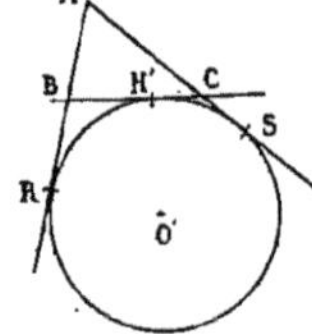

Fig. 167.

Soit O′ le centre du cercle ex-inscrit dans l'angle A. On a : AR = AS (tangentes issues du même point).

Mais AR se compose de AB + BH′ ;
AS . . . . AC + CH′.

Donc à eux deux AR et AS valent le périmètre 2p du Δ.

Donc, comme ils sont égaux, chacun d'eux vaut le demi-périmètre p.

Quant aux segments formés BH′ et CH′, on a :

$$\mathrm{BH'} = \mathrm{BR} = \mathrm{AR} - \mathrm{AB} = p - c ;$$
$$\mathrm{CH'} = \mathrm{CS} = p - b.$$

C. Q. F. D.

Remarque. — Si on considère les points de contact de BC avec les deux cercles inscrits et ex-inscrits, on voit que BH valant $p-b$ et CH' aussi, les deux points de contact H et H' sont symétriques par rapport au milieu M du côté BC.

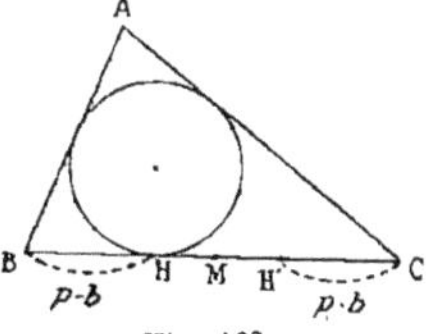

Fig. 168.

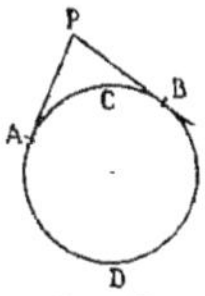

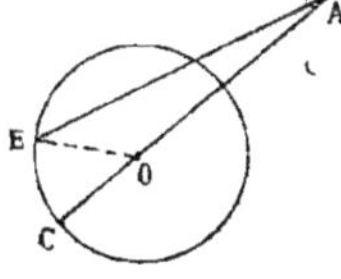

Fig. 169.

Définition. — Etant donné un point P extérieur à un cercle, si de ce point on mène deux tangentes PA et PB, l'arc ACB est dit *convexe vers le point* P et l'arc ADB est dit *concave par rapport au point* P.

Sixième application. — *Si l'on joint un point extérieur ou intérieur A au centre O d'une circonférence, cette droite limitée aux deux points B et C où elle coupe la circonférence donne à la fois la distance minimum et la distance maximum du point A aux différents points de la circonférence.*

Pour fixer les idées, soit A un point extérieur. Joignons AO, et proposons-nous de prouver que l'on a :

$$AB < AD.$$

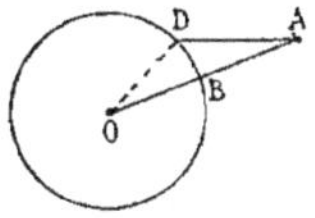

Ici les yeux nous montrent en effet que l'on a :

$$AB + BO < AD + DO;$$

Fig. 170.

donc, en retranchant aux deux membres le rayon, il nous restera : $$AB < AD.$$

Et cela a lieu quelle que soit la place qu'occupe le point D sur la circonférence, qu'il soit sur l'arc convexe ou sur l'arc concave. Donc AB est la plus courte de toutes les droites allant du point A à la circonférence (on l'appellera pour cela *la distance minimum du point extérieur à la circonférence*).

Il est facile de démontrer maintenant que, si on prolonge le diamètre AO en C, on a :

$$AC > AE,$$

E étant un point quelconque de la circonférence pris sur l'arc concave ou sur l'arc convexe.

En effet, si nous joignons OE, les yeux nous montrent immédiatement que :

Fig. 171.

$$AC = AO + OC = AO + OE.$$

Or $\qquad\qquad AO + OE > AE.$

Donc $\qquad\qquad AC > AE.$ $\qquad$ C. Q. F. D.

(AC s'appelle *la distance maximum* du point extérieur A à la circonférence.)

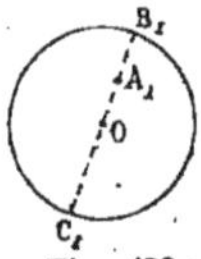

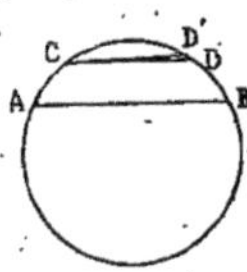

On raisonnerait de même façon pour un point intérieur A_1 à la circonférence et on prouverait, en menant le rayon A_1O, que A_1B_1 est la distance minimum et A_1C_1 la distance maximum du point A_1 à la circonférence.

Fig. 172.

---

§ 6. — Tangentes et cordes parallèles

Théorème I. — *Quand deux cordes sont parallèles, les arcs interceptés sont égaux.*

Soient AB et CD deux cordes plles. Pour prouver que arc AC = arc BD, menons la droite OI pp. à AB. Elle passera par le milieu I de l'arc sous-tendu AB. (Voir page 103.)

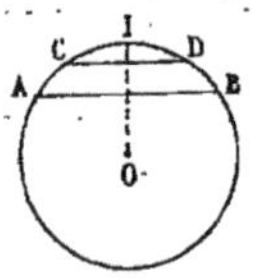

Fig. 173.

Mais OI étant pp. à AB est aussi pp. à sa plle CD. Donc OI passera aussi par le milieu de l'arc CD.

Mais alors les deux arcs IA et IB d'une part, IC et ID d'autre part, étant égaux, leurs différences, à savoir les arcs AB et CD, sont égales. $\qquad$ C. Q. F. D.

Théorème réciproque. — *Si deux arcs situés sur une même circonférence sont égaux, ils donnent naissance à des cordes parallèles.*

Soit arc AC = arc BD. Je dis que CD est plle à AB. — En effet, si CD n'était pas plle à AB, par le point C, on pourrait toujours mener une droite CD' plle à AB. Cette droite, étant différente de CD, couperait nécessairement la circonférence en un point D' situé ou au-dessus ou au-dessous du point D, et on aurait, d'après le théorème précédent, arc BD' = arc AC. — Mais alors l'arc BD'

Fig. 174.

serait égal à l'arc BD (puisque tous deux seraient égaux à l'arc AC), donc la partie serait égale au tout.

La supposition CD non plle à AB nous menant à une absurdité, nous devons la rejeter, et nous devons donc admettre que CD est plle à AB. $\qquad$ C. Q. F. D.

Théorème II. — *Si une tangénte et une corde sont plles, le point de contact est au milieu de l'arc sous-tendu par la corde.*

Soit, en effet, CD une tangente plle à la corde AB.

La figure nous montre que, le rayon OI du point de contact étant pp. à la tangente CD, OI est pp. à sa plle AB. Par conséquent, I est le milieu de l'arc sous-tendu par AB.

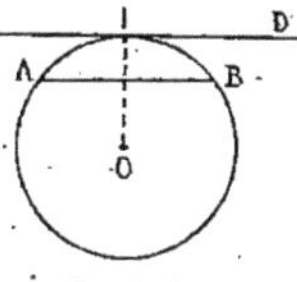

Fig. 175.

C. Q. F. D.

Théorème III. — *Quand deux tangentes sont parallèles, les points de contact sont aux extrémités d'un même diamètre.*

Soient AB et A'B' deux tangentes.

Pour démontrer que les trois points A, O, A' sont en ligne droite, utilisons les données et voyons ce qui en résulte. AB étant une tangente, OA est pp. à AB. Pour la même raison OA' est pp. à A'B'.

Mais nous ne pouvons pas démontrer le théorème sans utiliser la troisième hypothèse, que AB et A'B' sont plles. Or, ce qui en résulte immédiatement, c'est que OA pp. à AB est aussi pp. à sa plle A'B'.

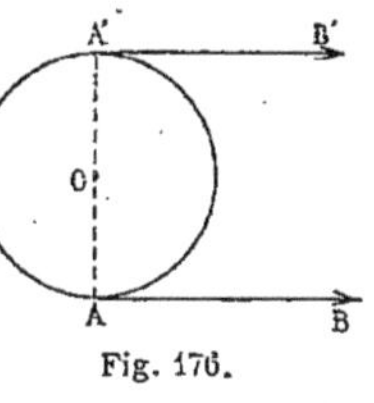

Fig. 176.

Par conséquent, si OA et OA' n'étaient pas en prolongement, du point O partiraient deux pp. à la même droite AB. Ce qui est impossible.

Donc, il faut bien que O, A et A' soient en ligne droite.

C. Q. F. D.

Théorème IV. — *Quand une tangente mobile roule sur un cercle, la portion de cette tangente comprise entre deux tangentes plles est vue du centre sous un angle droit.*

En effet, si MN est une tangente en I, la figure nous montre que BM et MI sont deux tangentes issues du même point M. Par conséquent (voir page 108) MO est bissectrice de l'angle BOI.

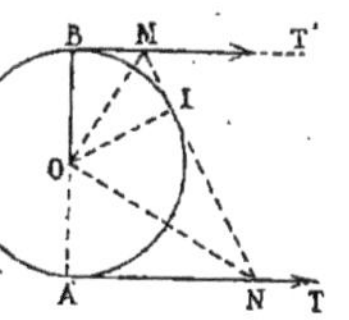

Fig. 177.

De même NO est bissectrice de l'angle AOI.

Mais BOA étant une ligne droite, on a de la sorte les bissec-

trices de deux angles adjacents supplémentaires, bissectrices qui
sont à angle droit.

Donc MON est un angle droit.

C. Q. F. D.

Corollaire. — *Tout parallélogramme circonscrit à un cercle
est un losange.*

---

§ 7. — Positions relatives de deux circonférences

Lemme I. — *Par trois points non en ligne droite, on peut
toujours faire passer une circonférence, et on ne peut en faire
passer qu'une.*

S'il y a une circonférence passant par les trois points A, B, C,

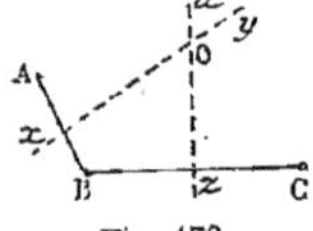

Fig. 178.

le centre de cette circonférence devra être à
égale distance de A et de B, et aussi de C et de B.

Donc ce centre ayant une double propriété,
de chacune desquelles dérive un lieu géométrique, devra, s'il existe, se trouver d'une part
sur la pp. xy élevée à AB en son milieu, d'autre
part sur la pp. zu élevée à BC en son milieu. — Donc, il devra
être à la rencontre de ces deux lignes, et nulle part ailleurs.

Mais cette remarque : 1° nous prouve qu'il y a une circonférence passant par les trois points (car si du point O de rencontre de xy et de zu on décrit une circonférence avec un rayon
égal à OA, elle passera également par B et C); 2° elle nous prouve
qu'il n'y en a qu'une (car s'il y en avait plusieurs, il y aurait
plusieurs centres, et tous devraient se trouver à la fois sur xy et
sur zu, c'est-à-dire au point d'intersection O. Donc ces circonférences multiples auraient à la fois même centre O, et même
rayon, ce qui prouve bien qu'il n'y en a qu'une).

C. Q. F. D.

Lemme II. — *Quand deux circonférences de centres différents O et O' ont un point commun A situé en dehors de la ligne
des centres, elles en ont un second commun, placé symétriquement.*

En effet, nous pouvons toujours prendre le symétrique A' de A par rapport à la droite OO', quelque près que le point A soit de OO'. Mais alors OA' étant égal à OA est égal au rayon, donc A' se trouve sur la circonférence de centre O et de rayon OA.

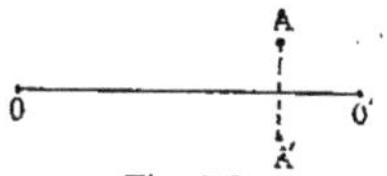

Fig. 179.

A' se trouve de même sur la deuxième circonférence O'. Donc A' est aussi commun aux deux.

C. Q. F. D.

Lemme III. — *Quand deux circonférences de centres différents O et O' ont un point commun A situé sur la ligne des centres, elles n'en ont pas d'autre commun.*

En effet, s'il y avait un seul point commun de plus situé en dehors de la ligne des centres, B par exemple, son symétrique B' appartiendrait aussi aux deux cercles et alors ces deux cercles distincts auraient trois points communs, donc ne sauraient être distincts (à cause du lemme I).

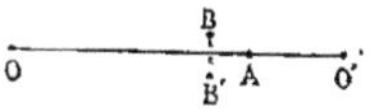

Fig. 180.

Donc cette supposition (d'un deuxième point commun situé en en dehors de OO') doit être rejetée.

On doit également rejeter l'hypothèse d'un deuxième point β commun qui serait situé sur la ligne OO', car le diamètre BB_1 du cercle O couperait sa circonférence en trois points β, B, B_1, ce qui est impossible puisqu'une droite ne coupe une circonférence qu'en deux points au plus. Donc les deux circonférences en question ne peuvent avoir qu'un seul point commun.

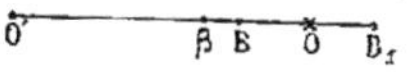

Fig. 181.

C. Q. F. D.

____

Ces trois lemmes une fois établis, remarquons que deux circonférences ne peuvent occuper l'une par rapport à l'autre que cinq positions, et être :

ou *extérieures;*

ou *tangentes extérieurement;*

ou *sécantes;*

ou *tangentes intérieurement;*

ou *intérieures* (on appelle ainsi le cas où la petite est contenue dans la grande).

Commençons par prouver qu'on peut obtenir de pareilles circonférences.

D'abord on peut obtenir des circonférences extérieures, c'est-à-dire des circonférences telles que tous les points de la deuxième sont en dehors des points de la première.

En effet, si en dehors du premier cercle O on prend sur une droite OA deux points extérieurs O' et A', tous les points du cercle O' de rayon O'A' sont, eux aussi, extérieurs.

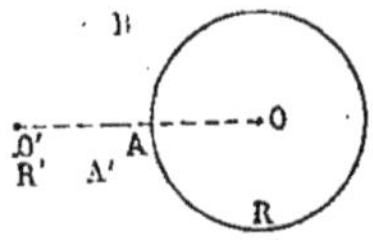

Car, si B est l'un de ces points, le $\triangle$ OBO' nous donne : $OB + BO' > OA' + A'O'$;

Donc $OB > OA'$; et a *fortiori* $> OA$.

Fig. 182.

Donc B est bien extérieur au centre O et il en est de même de tous les autres points de la circonférence O'.

Donc il existe des cercles extérieurs l'un à l'autre.

En second lieu, il existe des *cercles tangents extérieurement* (*c'est-à-dire des cercles dont tous les points de l'un sont extérieurs à l'autre sauf un qui est commun*).

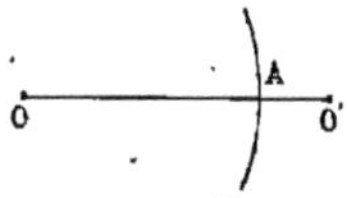

En effet, il nous suffit de considérer deux cercles ayant un point commun A situé sur la ligne des centres OO' (voir page 115).

Fig. 183.

En troisième lieu, il y a des *circonférences sécantes* (*c'est-à-dire des circonférences n'ayant que deux points communs*).

En effet, il suffit de prendre deux circonférences ayant un point commun A en dehors de la ligne des centres (voir page 114).

En quatrième lieu, il y a des *cercles tangents intérieurement* (*c'est-à-dire des cercles dont tous les points de l'un sont intérieurs à l'autre, sauf un qui est commun*).

Fig. 184.

Car il suffit de prendre sur le rayon OA un point O' et de considérer le cercle de centre O' et de rayon O'A. Ces deux cercles ayant un point commun sur la ligne des centres, 1° n'en peuvent pas avoir d'autres communs ; et 2° tous les points de O' sont en dedans de O ; car, si nous prenons un point quelconque B sur ce cercle O', on aura, dans le $\triangle$ OBO' :

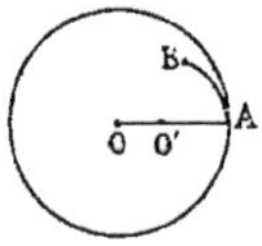

$$OB < OO' + O'B,$$

c'est-à-dire : $OB < OO' + O'A,$

c'est-à-dire : $OB < R.$

Fig. 185.

Ce qui prouve que les deux circonférences O et O' ont le droit d'être appelées des circonférences tangentes intérieurement.

Enfin, en cinquième lieu, il y a des *cercles intérieurs*. Car si

on prend deux points O′ et B sur le rayon OA, pour tout point C
du cercle de centre O′ et de rayon O′B, on aura :

$$OC < OO' + O'C < OO' + O'B,$$

et *a fortiori* $< OO' + O'A.$

c'est-à-dire : $< OA.$

Tous les points de la circonférence O′ seront
donc intérieurs.

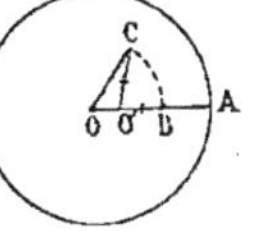

Fig. 186.

Maintenant que nous sommes sûrs que les cer-
cles ainsi définis existent, il n'y a plus qu'à étudier leurs propriétés.

Propriété des circonférences extérieures.

*Quand deux circonférences sont extérieures, la distance des
centres est plus grande que la somme des·
rayons.*

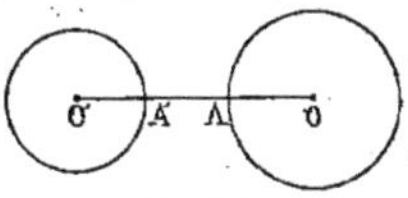

En effet, si nous joignons OO′ et que
nous appelions A′ le point où OO′ coupe
O′, ce point A′ est extérieur au cercle O,
puisque, les deux circonférences étant par
hypothèse extérieures, tous les points de la circonférence O′
sont en dehors du cercle O ; donc OA′ > OA.

Fig. 187.

Dès lors, on aura d'après la figure :

$$OO', \text{c'est-à-dire } OA' + A'O' = OA + AA' + O'A';$$
$$\text{donc } OO' > OA + O'A';$$
$$\text{donc}[1] \; d > R + R'. \qquad \text{C. Q. F. D.}$$

Propriété des cercles tangents extérieurement.

*Quand deux cercles sont tangents extérieurement, la distance
des centres est égale à la somme des rayons.*

Cela résulte de ce que le seul point commun doit être situé
sur la ligne des centres. On aura donc :

$$d = R + R'. \qquad \text{C. Q. F. D.}$$

Propriété des cercles sécants.

*Quand deux cercles sont sécants, la distance des centres est
plus petite que la somme des rayons, et chaque rayon est plus
petit que la distance des centres, plus l'autre rayon.*

En effet, les deux points communs uniques qu'ont les deux cir-

---

1. Nous appellerons toujours *d* la distance des centres de deux circonférences et R et R′ leurs rayons.

conférences étant nécessairement, l'un au-dessus de la ligne des centres, l'autre au-dessous et symétriquement, on a deux Δ OO'A et OO'A' égaux, et ils nous donnent :

Fig. 188.

$$d < R + R';$$
$$R < d + R';$$
$$R' < d + R. \qquad \text{C. Q. F. D.}$$

REMARQUE. — On a un peu l'habitude de dire ceci : *quand deux cercles sont sécants, la distance des centres est plus petite que la somme des rayons et plus grande que leur différence.*

Ce deuxième énoncé est assez rapide. Mais on ne doit l'employer que quand dans la figure on sait quel est le plus grand des deux rayons.

Car il est bien clair que la différence des rayons ne peut être effectuée que dans le sens où elle est possible.

D'un autre côté, il y a des cas où on sait en outre que la distance des centres est plus petite que l'un des rayons. Alors la relation $d < R + r$ est totalement inutile.

Si bien que l'on doit dans ce cas-là écrire que la distance d des centres est plus grande que la différence $(R - r)$ des rayons. Il résulte de là que le **parti le plus sage** à prendre est celui-ci :

Partir toujours des trois inégalités :

$$d < R + R';$$
$$R < d + R;$$
$$R' < d + R';$$

quitte à voir rapidement ensuite si, en raison des hypothèses, on peut en supprimer quelques-unes, comme évidentes et inutiles.

Par exemple, si les rayons sont R et r (r étant moindre que R) et si la distance d est quelconque, des trois inégalités :

$$d < R + r;$$
$$R < d + r;$$
$$r < d + R;$$

la troisième est inutile comme évidente, et on n'en a plus que deux, à savoir :

$$d < R + r \quad \text{ce qui entraîne,} \quad \Big\{ \; d < R + r;$$
$$R < d + r \quad \text{si on veut,} \quad \text{avec } d > R - r.$$

Deuxième exemple. — Si, ayant deux rayons, un grand (R) et un petit (r), on sait en outre que la distance des centres d est $< R$, des trois inégalités : $\qquad d < R + r;$
$$R < d + r;$$
$$r < d + R;$$

la première est inutile, la dernière aussi, et il ne reste plus qu'une seule inégalité :

$$R < d + r, \text{ ou, si on veut, } d > R - r.$$

PROPRIÉTÉ DES CERCLES TANGENTS INTÉRIEUREMENT.

La distance des centres est égale à la différence des rayons.

En effet, le point unique commun doit être situé sur la ligne des centres. On aura donc, d'après la figure :

$$OO' = OA - O'A;$$

c'est-à-dire
$$d = R - r. \qquad \text{C. Q. F. D.}$$

PROPRIÉTÉ DES CERCLES DITS INTÉRIEURS.

La distance des centres est plus petite que la différence des rayons.

Il suffit de regarder la figure et de remarquer que :

$$OO' = OA - O'A;$$
$$= R - (r + AB);$$
$$= R - r - AB;$$

donc on a : $d < R - r.$ C. Q. F. D.

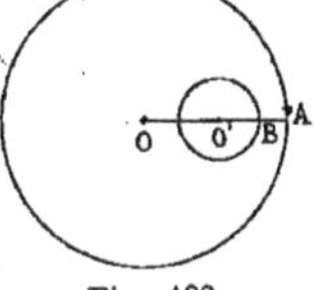

Fig. 189.

Les égalités ou inégalités que nous venons d'établir sont *caractéristiques*, en ce sens qu'elles servent à indiquer la position relative qu'ont les deux circonférences.

Pour le démontrer, il n'y a qu'à employer la *méthode par l'absurde*, et démontrer, chaque fois, que les cercles ne peuvent occuper aucune des positions autres que celle à laquelle correspond la condition en question.

Proposons-nous, par exemple, de démontrer que *si l'on a la relation :*
$$d = R - r,$$
les deux cercles sont tangents intérieurement.

Nous dirons : 1° les cercles ne peuvent pas être extérieurs, car, sans cela, on aurait des cercles extérieurs dans lesquels d serait égal à $R - r$, ce qui est impossible, puisqu'on doit avoir toujours pour des cercles extérieurs :

$$d > R + r;$$

2° Les cercles ne peuvent pas être tangents extérieurement, car, sans cela, on aurait affaire à deux cercles tangents extérieurement, et où la distance des centres, étant égale à $R - r$, ne serait pas égale à $R + r$, ce qui est impossible ;

3° Les cercles ne peuvent pas non plus être sécants, car, si cela arrivait, il faudrait que l'on ait : $d < R + r$, ce qui n'est pas, puisque par hypothèse $d = R - r$;

Enfin 4° Les deux cercles ne peuvent pas être intérieurs, car on se trouverait en présence de deux cercles intérieurs dans lesquels la distance des centres, au lieu d'être inférieure à la différence des rayons, serait égale à cette différence.

Donc, finalement, les deux cercles ne pouvant être ni extérieurs, ni tangents extérieurement, ni sécants, ni intérieurs doivent forcément être tangents intérieurement.   C. Q. F. D.

---

§ 8. — Définition des mots : rapport mesure, proportion

Quand on considère en géométrie deux grandeurs de même espèce,

ou les deux grandeurs ont ce qu'on appelle « *une commune mesure* », c'est-à-dire une grandeur de même espèce contenue un nombre exact de fois dans chacune,

ou les deux grandeurs n'ont pas de commune mesure. Dans le premier cas, on dit que les deux grandeurs sont *commensurables entre elles*. Dans le deuxième cas, elles sont dites *incommensurables entre elles*.

Pour trouver la commune mesure de deux longueurs, ou mieux leur plus grande commune mesure, on emploie la règle suivante :

Règle pratique. — *On porte la plus petite longueur sur la plus grande. — S'il n'y a pas de reste, la plus petite longueur est la commune mesure.*

Si l'on a un reste, on porte ce premier reste sur la plus petite longueur.

S'il y a un deuxième reste, on le porte sur le premier reste et ainsi de suite, jusqu'à ce qu'on trouve un reste contenu exactement dans le reste précédent.

En effet, supposons qu'on soit sûr que CD est contenu deux fois dans AB, mais avec un reste IB, lequel reste IB est contenu trois fois exactement dans CD.

IB, étant contenu trois fois dans CD et sept fois dans AB, sera, d'après la définition, une commune mesure entre AB et CD.

Fig. 190.

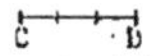

Fig. 191.

Remarque I. — Il est clair que, si on partageait IB en un certain nombre n de parties égales, cette $n^{ième}$ partie de IB serait encore contenue un nombre exact de fois et dans CD et dans AB, donc serait encore une commune mesure aux deux longueurs, mais ce serait une commune mesure plus petite que IB. Donc on a raison d'appeler IB la *plus grande* commune mesure entre AB et CD.

Remarque II. — Il est clair que, dans la pratique, pour voir si deux longueurs sont commensurables ou incommensurables entre elles, la règle précédente serait totalement insuffisante ne pouvant être qu'une règle approximative, les longueurs ne pouvant être estimées qu'à 1/4 de millimètre près : ce n'est donc que par *le raisonnement ou le calcul* qu'on peut arriver à affirmer que deux grandeurs sont commensurables entre elles ou non.

Comme exemple d'un raisonnement à faire, pour prouver que deux grandeurs sont incommensurables, nous allons faire voir que la **diagonale d'un carré est une longueur incommensurable avec son côté.**

1° Remarquons d'abord que dans tout Δ rectangle isocèle ABC l'hypoténuse AB contient une fois seulement le côté CB, car la droite AB est plus petite que la ligne brisée AC + CB.

2° Remarquons ensuite que la différence entre l'hypoténuse AB et le côté CB (c'est-à-dire la longueur AR_1) est contenue deux fois avec un reste dans le côté AC.

En effet, si nous menons en R_1 la tangente au cercle de rayon BC, on a : $R_1 I = IC$ (comme tangent à un même cercle). Mais le Δ formé AR_1I est encore rectangle isocèle (puisque l'angle A est de 45°), donc l'hypoténuse AI contient une fois seulement le côté AR_1, ce qui montre bien que AC ne peut pas contenir AR_1 exactement et ensuite qu'il le contient deux fois seulement, avec un reste.

3° Remarquons enfin que ce que nous venons de faire pour le Δ rectangle isocèle ABC, nous allons pouvoir le répéter pour le

nouveau Δ rectangle isocèle AR_4I. Dans ce deuxième Δ, la différence AR_2 est contenue deux fois avec un reste dans AR_4.

Cela posé, si nous voulons appliquer la règle pratique donnée
plus haut pour la recherche de la commune mesure entre BC
et AC, nous voyons : 1° que AC est contenu une fois dans AB

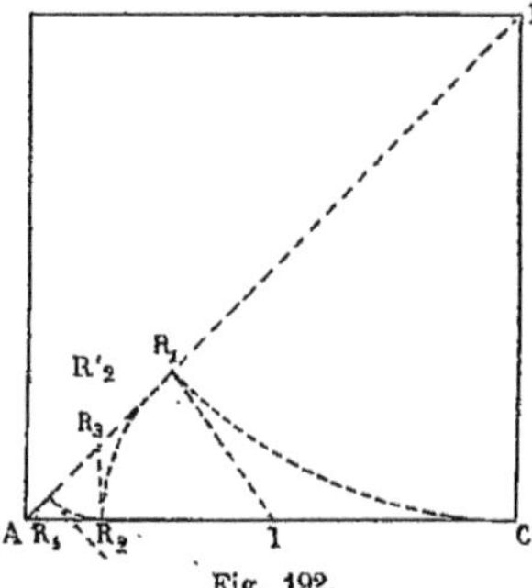

Fig. 192.

et qu'il y a un reste AR_4 ; 2° que
AR_4 est contenu dans AC deux
fois avec un reste AR_2 qui existe
nécessairement ; mais 3° AR_2, côté
du Δ rectangle isocèle AR_2R_3,
sera, lui encore, contenu dans AR_4
deux fois avec un reste AR_4. Et
cela continuera indéfiniment. Car,
si on arrivait à un reste contenu
un nombre exact de fois dans le
reste précédent, deux restes suc-
cessifs étant toujours, l'un un côté
et l'autre l'hypoténuse d'un Δ rec-
tangle isocèle, on aurait un Δ rectangle isocèle dans lequel un
côté serait exactement contenu dans l'hypoténuse, ce qui est
impossible d'après ce que nous avons dit plus haut.

Donc jamais, en portant un reste sur le reste précédent, on
ne pourra trouver un reste contenu exactement dans le précédent. Donc le côté AC du carré est bien incommensurable
avec sa diagonale AB.   C. Q. F. D.

I. — DU RAPPORT DE DEUX GRANDEURS COMMENSURABLES[1].

Définition I. — On appelle rapport de deux grandeurs
commensurables entre elles le nombre entier ou fractionnaire qui indique, quand il est entier, combien de
fois la première grandeur contient la seconde, et, quand
il est fractionnaire, combien de fois la première grandeur
contient de parties aliquotes de la seconde (le dénominateur apprenant quelle est cette partie aliquote[2], et le numérateur, combien il faut la prendre de fois).

---

1. Au lieu de dire que deux grandeurs sont *commensurables entre elles,*
on dit souvent simplement qu'elles sont commensurables (mais c'est un
tort de sous-entendre ce mot « entre elles »).
2. On appelle *partie aliquote d'une grandeur* la grandeur obtenue en
la partageant en parties toutes égales.

On voit par cette définition, qui est longue mais claire, que le nombre évaluation numérique du rapport des deux grandeurs indique nettement ce qu'est la première grandeur relativement à la seconde, c'est-à-dire par rapport à la seconde. D'où son nom de rapport[1].

Il résulte, de cette définition du mot *rapport*, qu'au lieu de dire qu'une grandeur est la moitié d'une autre, on peut dire que leur rapport est $\frac{1}{2}$.

Et de même, si le rapport de deux grandeurs est 12, cela veut dire que la première vaut douze fois la seconde.

C'est une autre façon de parler, un peu scientifique peut-être, mais qui revient au même.

On peut même dire, si on veut, que le rapport de deux longueurs est égal à 1, au lieu de dire qu'elles sont égales entre elles.

Il est clair maintenant que, pour trouver approximativement la valeur numérique du rapport de deux grandeurs quand l'une ne contient pas exactement l'autre, il n'y aurait qu'à chercher leur commune mesure, voir combien de fois celle-ci est contenue dans les deux, et constituer la fraction ayant pour termes les deux nombres trouvés.

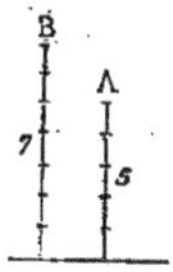

En effet, si on est sûr que la commune mesure est contenue cinq fois dans la longueur A et sept fois dans la longueur B, le rapport de A à B sera la fraction $\frac{5}{7}$. Car A contient cinq fois une longueur, qui est la septième partie de B, ce qu'on exprime en disant que A vaut les $\frac{5}{7}$ de B. $\frac{5}{7}$ est donc bien le rapport de A à B.

Fig. 193.

Deuxième définition du mot *rapport* (basée sur la définition arithmétique du mot *multiplier*).

On sait que, par définition, multiplier une grandeur par 3 c'est la prendre trois fois. D'après cela, supposons que le rapport de A à C soit 3. Cela veut dire, d'après la définition I, en

---

1. Pour qu'une définition soit bonne, il faut d'abord donner le genre, puis l'espèce. C'est ce que nous avons fait.
On voit ici que le rapport est du genre : nombre abstrait.

langage ordinaire, que A est égal à trois fois B, ou encore que l'on a l'identité : $\qquad A \equiv B \times 3$.

Donc le rapport entier 3 est le nombre par lequel il faut multiplier la deuxième grandeur B pour avoir la première A.

Il en est encore de même si le rapport de A à B est $\dfrac{5}{7}$. En effet, cela veut dire (d'après la définition I) que A vaut les $\dfrac{5}{7}$ de B. Mais, pour prendre les $\dfrac{5}{7}$ d'une grandeur B, on la multiplie par $\dfrac{5}{7}$. Donc on peut encore, dans ce deuxième cas, écrire l'égalité suivante : $\qquad A \equiv B \times \dfrac{5}{7}$.

Donc le rapport fractionnaire $\dfrac{5}{7}$ est le nombre fractionnaire par lequel il faut multiplier la deuxième grandeur pour avoir la première.

Donc nous pourrons dire (définition qui reviendra au même) :

Définition II. — **Le rapport de deux grandeurs est le nombre entier ou fractionnaire par lequel il faut multiplier la seconde pour obtenir la première.**

Troisième définition du mot *rapport* (basée sur la définition arithmétique de la division).

On sait que, par définition, diviser deux nombres c'est en trouver un troisième, qui multiplié par le deuxième donne le premier. De même, diviser la grandeur A par la grandeur B, c'est trouver un nombre entier ou fractionnaire qui, multipliant la grandeur B, donne la grandeur A.

Or, que le rapport de A à B soit 3 ou $\dfrac{5}{7}$, comme ces rapports numériques doivent satisfaire aux égalités :

$$A \equiv B \times 3 \qquad \text{et } A \equiv B \times \dfrac{5}{7},$$

on peut dire que 3 est le quotient de A par B,

et que $\dfrac{5}{7}$ est aussi le quotient de A par B.

Donc :

Définition III. — Le rapport de deux grandeurs est le quotient de ces deux grandeurs.

(Il faut bien avouer que cette troisième définition est un peu abstraite, et qu'elle ne peut bien se comprendre que si on a soin de faire dans sa tête le raisonnement correspondant à la définition II, et par conséquent qu'on ne la comprendra bien que quand on aura au préalable donné et compris les deux autres.)

En résumé, on pourra, à volonté, dire non pas que le rapport de deux grandeurs est le nombre qui indique ce qu'est la première par rapport à la seconde (ce qui est exact mais serait peu mathématique), mais dire :

ou 1° que le **rapport de deux grandeurs commensurables est le nombre abstrait** (entier ou fractionnaire) qui indique combien de fois la première contient la deuxième ou une partie connue aliquote de la deuxième;

ou 2° que ce rapport est le **nombre abstrait** (entier ou fractionnaire) par lequel il faut multiplier la deuxième pour avoir la première;

ou 3° que ce rapport est le **quotient de la première grandeur divisée par la seconde.**

Ces trois façons de parler reviennent au même.

La première est longue, mais explicite et très facile à saisir.

Les deux dernières sont plus rapides, mais plus abstraites, et un peu plus difficiles à saisir.

De la notation symbolique adoptée pour exprimer que l'on parle du rapport de deux grandeurs.

On ne peut pas évidemment écrire, chaque fois, la longue phrase suivante :

« *Le rapport des deux grandeurs* A *et* B *est égal à* $\dfrac{3}{5}$. »

On a donc dû se préoccuper de trouver un signe conventionnel destiné à remplacer cette phrase et à montrer rapi-

dement aux yeux qu'il est question du rapport de deux grandeurs. Or, on a adopté partout la convention suivante :

Convention. — *On écrit les deux mots A et B l'un au-dessous
de l'autre en les séparant par un trait horizontal.*

Il résulte de cette convention que toutes les fois qu'on verra
écrites des expressions de la forme suivante :

$$\frac{\text{longueur A}}{\text{longueur B}}, \quad \frac{\text{angle A}}{\text{angle B}}, \quad \frac{\text{volume C}}{\text{volume D}}, \quad \frac{\text{arc AB}}{\text{arc CD}}, \quad \frac{A}{B},$$

cette notation prouvera que l'on parle du rapport des deux
grandeurs de même espèce considérées.

De telle sorte encore quand on verra écrit :

$$\frac{A}{B} = \frac{3}{5}, \quad \frac{\text{angle A}}{\text{angle B}} = 2, \quad \frac{\text{surface A}}{\text{surface B}} = 12 + \frac{23}{35};$$

cela voudra dire, en langage ordinaire, que le rapport des deux
grandeurs, dont l'espèce est indiquée dans le premier membre,
est numériquement égal à $\frac{3}{5}$, ou à 2, ou à $12 + \frac{23}{35}$.

Il faut bien remarquer que, quand on a écrit $\frac{A}{B}$, A et B ne dé-
signent pas des nombres, ils ne font qu'indiquer les grandeurs
dont on s'occupe.

(Ces expressions de la forme $\frac{A}{B}$ s'énoncent à volonté :
A sur B, ou rapport de A à B.)

N. B. — Il est clair que l'on peut souvent parler du rapport
de deux grandeurs, A et B, sans l'évaluer en nombre.

De même, l'on pourrait dire que le rapport de A à B est
égal à celui de C à D, sans dire, d'aucune façon, ce que vaut
numériquement ce rapport.

Remarque importante. — Ainsi, les nombres abstraits étant eux
aussi des grandeurs, il est facile de faire voir *que les nombres
3 et 5, par exemple, ont, eux aussi, un rapport qui est marqué
par la fraction* $\frac{3}{5}$.

En effet, 3 = 3 fois l'unité,
5 = 5 fois l'unité,
donc l'unité est la cinquième partie du nombre 5.

Et, par conséquent, la première des égalités précédentes nous apprend ceci :

que le nombre $3 = 3$ fois le cinquième du nombre 5,

c'est-à-dire que le nombre 3 vaut les $\frac{3}{5}$ du nombre 5.

Donc le rapport des deux nombres 3 et 5 est bien égal à la fraction $\frac{3}{5}$.

On verrait de même que le rapport des deux nombres fractions $\frac{2}{3}$ et $\frac{4}{5}$ est égal à la fraction obtenue en divisant $\frac{2}{3}$ par $\frac{4}{5}$.

(Il suffirait de réduire au même dénominateur.)

Il résulte évidemment de là que *toute fraction peut être regardée comme un rapport* : le rapport du nombre numérateur au nombre dénominateur.

En effet, $\frac{4}{7}$ est l'évaluation numérique du rapport des deux nombres entiers 4 et 7.

Et, dans le même ordre, *tout quotient de deux nombres abstraits est un rapport.*

Ex. : Le quotient de $\frac{2}{3}$ par $\frac{4}{5}$, c'est-à-dire $\frac{10}{12}$, est le rapport entre les deux nombres $\frac{2}{3}$ et $\frac{4}{5}$.

II. — DÉFINITION DE LA MESURE D'UNE GRANDEUR A.

Définition. — On appelle mesure d'une grandeur donnée A le nombre entier ou fractionnaire qui marque son rapport à la grandeur de même espèce choisie pour unité.

(Cette définition suppose bien entendu encore que la grandeur et l'unité choisie ont une commune mesure, c'est-à-dire sont commensurables entre elles, ou simplement suppose, comme on dit, que la grandeur A est commensurable.)

Il résulte de là que **la mesure d'une grandeur est par définition un rapport** (mais un rapport qui ici est évalué en nombres et non pas seulement indiqué).

L'idée de mesure doit donc être subordonnée à l'idée de rapport[1]. Et, d'après ce que nous avons dit plus haut, on pourra dire et écrire toujours :

$$\text{Mesure de A} = \frac{\text{grandeur A}}{\text{grandeur unité}}.$$

On se sert du reste fréquemment partout de cette égalité que nous écrirons en abrégé :

$$\text{Mesure de A} = \frac{A}{u},$$

u désignant la grandeur unité. On s'en servira dans tous les théorèmes ultérieurs où on aura à mesurer une grandeur (angle, surface, volume) par le raisonnement.

Ce qui montre bien que même ceux qui ne subordonnent pas le mot *mesure* au mot *rapport*, arrivent à regarder la mesure d'une grandeur comme un rapport[2].

Nota. — La seule différence qu'il y ait entre le mot « rapport de deux grandeurs A et B » et le mot « mesure d'une grandeur C » est que la grandeur unité (qui doit intervenir) peut être choisie arbitrairement. Par conséquent, la mesure d'une grandeur C est un nombre essentiellement variable dépendant de l'unité choisie, tandis que le rapport de deux grandeurs données est fixe.

Par exemple, une longueur peut être à volonté mesurée par les nombres 3, 3o ou 3oo, selon que l'unité adoptée est le mètre, le décimètre ou le centimètre.

Il faut bien remarquer, du reste, que dans la pratique l'unité choisie pour mesurer une longueur peut être tout autre que le mètre ou ses subdivisions, et peut être une longueur quelconque. De telle sorte que la longueur, qui tout à l'heure était mesurée par le nombre 3, pourrait fort bien l'être encore par les nombres

$$\frac{3}{10}, \quad \text{ou } \frac{2}{3}, \quad \text{ou } \left(4 + \frac{3}{5}\right), \quad \text{ou } \frac{22}{7}, \text{ etc.}$$

---

1. Puisque nous subordonnons le mot *mesure* au mot *rapport*, on voit que nous ne pourrons pas dire, comme on le fait souvent, que le rapport de deux grandeurs est le nombre qui mesure la première quand on prend le seconde pour unité (définition trop savante du reste).

2. Si on voulait ne pas employer le mot *rapport* dans la définition du mot *mesure*, on le pourrait. Il suffirait de dire que c'est le nombre qui indique combien de fois la grandeur contient l'unité ou une partie aliquote connue de l'unité. Mais y aurait-il réellement un avantage à ne pas vouloir adopter ce mot *rapport*, si clair et si simplement défini ?

N. B. — C'est à tort que l'on dit souvent que *la mesure d'une longueur est, par exemple, de 12 mètres* ou *de 3 décimètres.* Il faudrait dire ceci :   qu'elle est 12, l'unité étant le mètre,
ou qu'elle est 3, l'unité étant le décimètre.

C'est uniquement pour abréger le langage que l'on dit (mais c'est une tolérance) que la mesure est de 12 mètres ou de 3 décimètres. On devrait dire que la longueur a 12 mètres, ou bien a 3 décimètres.

Théorème fondamental. — *Le rapport de deux grandeurs commensurables est égal au rapport des nombres qui les mesurent chacune, et cela, quelle que soit l'unité de mesure adoptée pour cette évaluation.*

Supposons d'abord que les deux grandeurs de même espèce A et B soient mesurées, l'une par le nombre 3, l'autre par le nombre 5, l'unité choisie à cet effet étant la grandeur arbitraire u, de même espèce.

Que vaut le rapport de A à B ?

A valant trois fois u et B valant cinq fois u, il est clair que u est la cinquième partie de B ; par conséquent, A, valant trois u, vaudra trois fois la cinquième partie de B, donc A sera les $\dfrac{3}{5}$ de B. Le rapport de A à B sera donc égal à la fraction $\dfrac{3}{5}$ (à cause de la définition I ou de la définition II), c'est-à-dire au rapport des deux nombres entiers 3 et 5 (voir page 127).

Or, ce raisonnement est évidemment tout à fait indépendant de la grandeur u choisie comme unité de mesure.

Donc, le théorème énoncé est vrai quand les deux grandeurs, évaluées à l'aide de u, sont mesurées par des nombres entiers.

Il est encore vrai quand elles le sont par des nombres fractionnaires, par exemple, $\dfrac{2}{3}$ et $\dfrac{4}{5}$.

En effet, $\dfrac{2}{3}$ étant la mesure de A, quand on prend u pour unité, on a :
$$A = u \times \frac{2}{3},$$
puisque la mesure est par définition un rapport, le rapport de A à son unité u.

De même
$$B = u \times \frac{4}{5}.$$

Mais nous pouvons réduire les fractions au même dénominateur, ce qui nous donnera :

$$A = u \times \frac{10}{15},$$

et
$$B = u \times \frac{12}{15},$$

donc A contient les $\frac{10}{15}$ de u ou dix fois le $\frac{1}{15}$ de u,

B contient douze fois le $\frac{1}{15}$ de u.

Dès lors $\frac{1}{15}$ de u est la douzième partie de B. Donc A contient dix fois la douzième partie de B. Donc le rapport de A à B est $\frac{10}{12}$.

Mais $\frac{10}{12}$ est le quotient de $\frac{2}{3}$ par $\frac{4}{5}$ $\left(\text{car } \frac{2}{3} : \frac{4}{5} = \frac{2}{3} \times \frac{5}{4} = \frac{10}{12}\right)$, ou, si l'on veut, le rapport de $\frac{2}{3}$ à $\frac{4}{5}$ (puisque tout quotient est un rapport) (voir page 127).

Donc le rapport de A à B est bien le rapport des deux nombres $\frac{2}{3}$ et $\frac{4}{5}$.

Donc le théorème est démontré d'une façon générale.

III. — DU RAPPORT DE DEUX GRANDEURS INCOMMENSURABLES.

Quand deux grandeurs A et B ne peuvent pas avoir de commune mesure, c'est-à-dire sont ce qu'on appelle incommensurables entre elles, leur rapport ne peut évidemment être ni entier ni fractionnaire.

(Car si on avait $\frac{A}{B} = 3$ ou $\frac{A}{B} = \frac{4}{5}$, il en résulterait que A vaudrait 3B ou que A vaudrait quatre fois le cinquième de B ; donc, la commune mesure serait ou B ou le cinquième de B.)

Heureusement qu'il y a, en arithmétique, non seulement les nombres entiers et fractionnaires, mais une troisième sorte de nombres appelés incommensurables ou irrationnels, nombres d'une espèce particulière, en ce sens qu'ils existent (on le démontre rigoureusement), mais qu'ils ne peuvent pas être évalués exactement et qu'ils ne peuvent l'être qu'avec une approximation aussi grande qu'on veut, il est vrai[1].

Ex. : $\sqrt{2}$ est un nombre qui existe ; il est 1,4 à $\frac{1}{10}$ près,

1,41 à $\frac{1}{100}$ près, 1,414 à $\frac{1}{1000}$ près, etc., etc. $\sqrt{2}$ peut donc s'évaluer par défaut avec autant de décimales qu'on voudra, mais jamais exactement.

Il résulte de là, et de ce que nous avons dit plus haut dans la définition II du mot *rapport*, que nous sommes autorisés à donner la définition suivante.

Définition. — *Le rapport de deux grandeurs* A *et* B *sera incommensurable toutes les fois que la première grandeur sera égale au produit de la deuxième par un nombre incommensurable.*

Ex. : si on a : $\qquad A \equiv B \times \sqrt{2},$
le rapport de A à B sera incommensurable, et mesuré par le nombre irrationnel $\sqrt{2}$. Ce rapport pourra s'évaluer approximativement, à $\frac{1}{10}$, à $\frac{1}{100}$, à $\frac{1}{1000000}$ près, etc., et d'une façon générale à $\frac{1}{n}$ près par défaut, ou par excès, mais jamais exactement.

Nous verrons plus loin (généralement en nous aidant du calcul) qu'il existe en géométrie un grand nombre de groupes de grandeurs incommensurables entre elles ;

tels sont :   le côté du carré inscrit dans un cercle et le rayon ;
                la longueur d'une circonférence et le rayon ;
                la diagonale d'un cube et l'arête ;
                le volume d'une sphère et son rayon.

. . . .

On peut parfois aussi, mais rarement, démontrer par un raisonnement, non basé sur le calcul, l'incommensurabilité de deux grandeurs. C'est ce que nous avons fait plus haut, quand nous

---

1. Ces nombres incommensurables sont tous, en arithmétique, des racines carrées de nombres non carrés parfaits, ou des racines cubiques de nombres qui ne sont pas des cubes, ou des racines $n^{ièmes}$ de nombres qui ne sont pas des puissances $n^{ièmes}$. Ex. : $\sqrt{2}$, $\sqrt{18}$, $\sqrt[3]{3}$...

avons géométriquement établi (page 121) que la diagonale du carré est incommensurable avec le côté.

On peut d'après cela, en résumé, dire *d'une façon générale que le rapport de deux grandeurs de même espèce est le nombre entier, fractionnaire ou incommensurable, par lequel on doit multiplier la seconde pour avoir la première.*

Si maintenant nous voulons parler de la mesure d'une grandeur A incommensurable avec l'unité choisie u, il résulte immédiatement de ce qui précède qu'on devra *appeler mesure de A le nombre abstrait incommensurable qui marque son rapport à la grandeur choisie pour unité.*

Ainsi si le rapport de A à u est égal au rapport $\sqrt{2}$, c'est-à-dire si l'on a l'égalité $\qquad A = u\sqrt{2}$,

le nombre qui mesurera A en fonction de l'unité u sera le nombre $\sqrt{2}$. (Tel sera (nous le verrons plus loin) le cas de la diagonale du carré qui sera mesurée par le nombre $\sqrt{2}$, l'unité choisie étant le côté du carré.)

Seulement il faut bien noter que, quand nous parlerons de la mesure d'une grandeur incommensurable, nous ne pouvons jamais connaître cette mesure qu'approximativement.

IV. — DES PROPORTIONS EN GÉOMÉTRIE.

Définition. — En géométrie, on appelle **proportion** *l'égalité constituée par quatre grandeurs géométriques quand on écrit que le rapport des deux premières est égal au rapport des deux dernières* (que ces rapports soient des nombres commensurables ou non).

Cela s'énonce plus vite, en disant qu'*une proportion, en géométrie, est l'égalité de deux rapports de grandeurs géométriques.*

Exemple. — Si A, B, C, D, sont quatre longueurs, on dira qu'elles forment une proportion si l'on a :

$$\frac{\text{longueur A}}{\text{longueur B}} = \frac{\text{longueur C}}{\text{longueur D}}$$

ou simplement $\qquad \dfrac{A}{B} = \dfrac{C}{D}.$

(Cela s'énoncera : A sur B = C sur D,

ou encore : A est à B comme C est à D.)

Il est évident que les quatre grandeurs considérées peuvent fort bien ne pas être de même nature, seulement il faut toujours que les grandeurs considérées soient au moins deux à deux de même espèce. Par exemple, A et B peuvent désigner des angles et C et D des arcs ou des longueurs. On pourra donc fort bien avoir les proportions suivantes :

$$\frac{\text{Angle A}}{\text{Angle B}} = \frac{\text{arc C}}{\text{arc D}}, \text{ et } \frac{\text{circ. O}}{\text{circ. O}'} = \frac{\text{rayon R}}{\text{rayon R}'},$$

Définition. — On dit que *quatre grandeurs de même espèce sont proportionnelles entre elles, quand le rapport des deux premières est égal au rapport des deux dernières* (c'est-à-dire que ces quatre grandeurs forment une proportion).

Il est clair que, quand on dit que quatre grandeurs sont proportionnelles, on ne dit pas quelle est la valeur numérique commune des deux rapports.

On constate simplement que ces deux rapports sont les mêmes, sans dire ce qu'ils valent.

N. B. — Les proportions géométriques diffèrent des proportions arithmétiques (telles que $\frac{2}{3} = \frac{402}{603}$ ou $\frac{a}{b} = \frac{c}{d}$, a, b, c, d étant des nombres), en ce que les éléments dans la proportion géométrique sont des grandeurs concrètes, et que dans la proportion arithmétique ce sont des nombres. Aussi dirons-nous souvent que les proportions géométriques renferment des rapports de grandeurs et les proportions arithmétiques des rapports de nombres.

———

Pour terminer ce qui est relatif aux proportions géométriques, il nous reste à traiter les deux problèmes suivants :

Problème 1. — *Comment fait-on pour démontrer que le rapport de deux grandeurs A et B, commensurables entre elles, est égal au rapport de deux autres grandeurs, C et D, liées aux premières ?*

Il suffira, à l'aide de la commune mesure entre les deux premières grandeurs A et B, commune mesure qui existe, puisque

———

1. Dans le même ordre d'idées on pourrait dire que le rapport de deux arbres A et B est égal au rapport de deux collines C et D et écrire :

$$\frac{\text{arbre A}}{\text{arbre B}} = \frac{\text{colline C}}{\text{colline D}}.$$

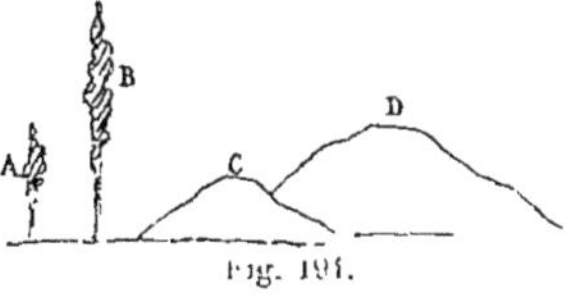

Fig. 191.

d'après l'hypothèse elles sont commensurables, d'évaluer numériquement le premier rapport $\dfrac{A}{B}$; puis de démontrer que les deux autres grandeurs C et D ont, elles aussi, une commune mesure donnant naissance au même rapport numérique, et on en conclura que $\dfrac{A}{B} = \dfrac{C}{D}$.

Problème II. — *Comment fait-on pour prouver que le rapport de deux grandeurs A et B supposées incommensurables est égal au rapport de deux autres, C et D, liées aux premières ?*

La marche à suivre sera celle-ci :

1º On évaluera le rapport de A à B à $\dfrac{1}{n}$ près en prenant la $n^{\text{ième}}$ partie de B et montrant que A la contient p fois mais pas $(p + 1)$ fois ; le rapport $\dfrac{A}{B}$ sera alors compris entre $\dfrac{p}{n}$ et $\dfrac{p+1}{n}$.

2º On montrera que le rapport de C à D est aussi compris entre les mêmes nombres $\dfrac{p}{n}$ et $\dfrac{p+1}{n}$.

3º On prouvera que ce résultat est vrai quelque grand que soit le nombre n, et, quand cela sera fait, on devra en conclure que les deux rapports $\dfrac{A}{B}$ et $\dfrac{C}{D}$ sont égaux.

A l'aide d'une démonstration symbolique, il est facile de justifier ce procédé.

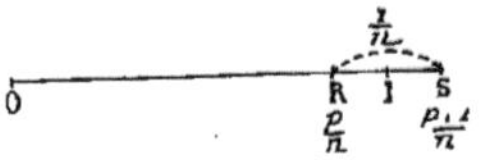

Fig. 193.

Supposons que $\dfrac{p}{n}$ et $\dfrac{p+1}{n}$ soient figurés par des longueurs OR et OS ; le rapport inconnu $\dfrac{A}{B}$ étant lui-même figuré par une longueur OI. $\dfrac{A}{B}$ étant compris entre $\dfrac{p}{n}$ et $\dfrac{p+1}{n}$, l'extrémité I tombera évidemment entre R et S, en une position que j'ignore.

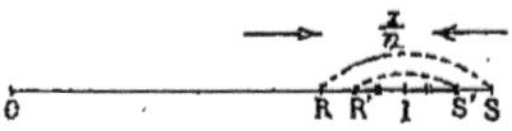

Fig. 196.

Mais si n augmente, et devient n', $\dfrac{A}{B}$ étant encore compris entre $\dfrac{p'}{n'}$ et $\dfrac{p'+1}{n'}$, on aura pour figurer $\dfrac{p'}{n'}$ et $\dfrac{p'+1}{n'}$ deux nouveaux points

R' et S', R' étant situé à droite de R et S' à gauche de S $\left(\text{car } \dfrac{p'}{n'} \text{ est} > \dfrac{p}{n} \text{ et } \dfrac{p'+1}{n'} \text{ est} < \dfrac{p+1}{n}\right.$, puisque l'approximation croît$)$[1].

Et ainsi de suite.

Mais alors les points R, R', R''... vont en se rapprochant du point I sans le dépasser. De même pour les points S, S', S'' qui se rapprochent de I par des valeurs plus grandes que OI.

Cela posé, si on figure également le rapport $\dfrac{C}{D}$ par une droite

OI', son extrémité I sera entre $\dfrac{p}{n}$ et $\dfrac{p+1}{n}$, c'est-à-dire entre R

et S, en un point inconnu I' (car le raisonnement précédent peut se répéter). — Et la figure nous montre clairement que II' est plus petit que RS, c'est-à-dire que $\dfrac{1}{n}$.

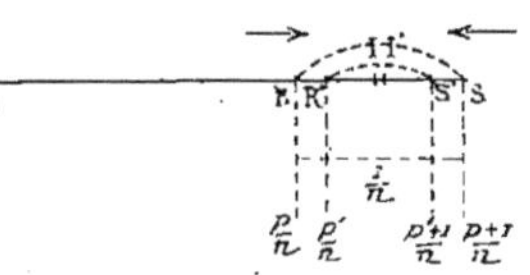

Fig. 197.

Or, plus n augmente plus $\dfrac{1}{n}$ diminue et tend vers O. Mais cela exige évidemment que l'intervalle II' n'existe pas (car, s'il existait, $\dfrac{1}{n}$ serait toujours forcément plus grand que II' et ne pourrait pas tendre vers O). Donc les deux points I et I' doivent être confondus.

Donc on doit avoir : OI' = OI ;

en d'autres termes, il faut absolument que l'on ait : $\dfrac{A}{B} = \dfrac{C}{D}$.

Donc les deux rapports incommensurables $\dfrac{A}{B}$ et $\dfrac{C}{D}$ doivent être égaux, ce qui justifie la règle que nous venons d'indiquer.

§ 9. — Mesure des angles

Nous avons indiqué dans le premier livre de géométrie (page 29) un procédé pratique de mesure des angles, procédé,

---

1. On peut, pour s'en rendre compte, songer à la façon de calculer $\sqrt{2}$ par défaut et par excès à $\dfrac{1}{10}$, puis à $\dfrac{1}{100}$ près, etc...

bien entendu, approximatif qui se fait à l'aide de l'instrument appelé *rapporteur*.

On peut se demander si, ayant mesuré un angle en degrés à l'aide d'un petit rapporteur, le nombre trouvé serait le même avec un rapporteur d'un rayon plus grand. — Pour prouver que oui, considérons deux circonférences concentriques de centre O, et menons-y deux rayons pp. OA et OB. Si par la pensée nous partageons l'angle droit AOB en 90 parties égales, ces petits angles déterminent sur l'une et l'autre circonférence 90 petits arcs égaux entre eux. (Voir § 3, angles au centre et arcs.) Il résulte de là que, si un angle AOC intercepte sur la grande

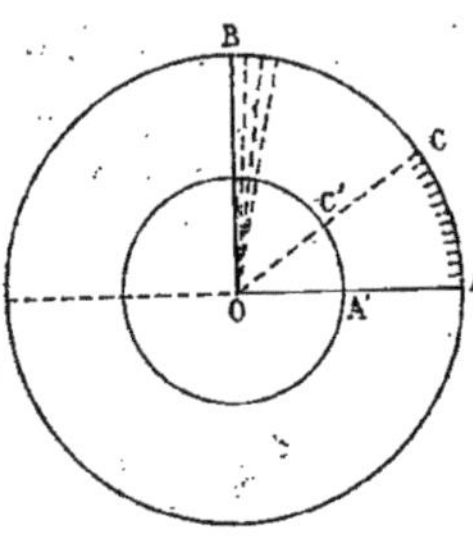

Fig. 198.

circonférence 32 arcs égaux, il interceptera aussi sur la petite circonférence 32 arcs égaux. Donc, que l'on prenne le grand rapporteur ou le petit, chacun d'eux nous apprendra que l'angle AOC renferme 32 fois l'unité d'angle, c'est-à-dire le degré.

On pourra donc, pour mesurer un angle, employer un rapporteur de n'importe quelle dimension.

Toutefois, les dimensions d'un rapporteur ne pouvant pas dans la pratique dépasser une certaine limite, lors même qu'on aura reculé l'approximation en prenant un grand rapporteur, si grand qu'il soit, on sera toujours arrêté de là même façon, par le $\frac{1}{4}$ de millimètre qui est la limite de la visibilité (voir page 11).

Il résulte de ce qui précède que, quand dans la pratique on aura évalué un angle avec le rapporteur, il y aura toujours doute. Quand on l'aura trouvé égal à 22° ou à 22° $+ \frac{1}{6}$ de degré, est-il réellement de 22° ou de 22° $\frac{1}{6}$? ou ne l'est-il pas?

Le raisonnement seul pourra nous renseigner. Mais on est loin de pouvoir le faire toujours.

Ex. 1. — *Les deux côtés de l'angle droit d'un △ rectangle étant l'un de 8 mètres, l'autre de 8ᵐ,05, on a trouvé avec le rapporteur un angle de 45°. Est-ce exact? ou non?*

Le raisonnement nous montre évidemment que non, car le △ n'est pas tout à fait isocèle.

Ex. 2. — *Dans un Δ rectangle où l'hypoténuse est le double d'un côté de l'angle droit, on a trouvé avec le rapporteur l'un des angles égal à 30°. L'est-il réellement, ou ne l'est-il pas?*

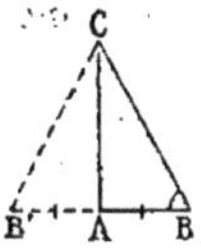

Pour le voir on peut raisonner, et dire : Prolongeons AB d'une longueur AB' égale à elle-même. CB' sera égal à CB comme obliques également écartées. Donc le Δ CBB' est équilatéral. Donc BCB' vaut 60°, et, la hauteur étant bissectrice, l'angle BCA sera bien exactement de 30° ainsi que l'a montré le rapporteur.

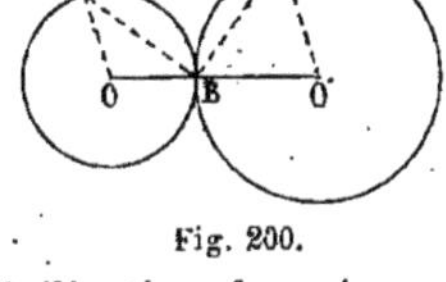
Fig. 199.

Ex. 3. — *On mène la tangente commune AA' à deux cercles tangents et on trouve, avec le rapporteur, que l'angle ABA' vaut 90°. Est-ce exact ou seulement approché?*

Pour le voir, raisonnons comme il suit :

AO étant plle à A'O' et les Δ en O et O' étant isocèles, O est le supplément de O' et les angles ABO et A'BO' sont complémentaires. Donc ABA' est droit. Donc l'indication fournie par le rapporteur est encore exacte.

Fig. 200.

Ex. 4. — *Dans un Δ rectangle, les côtés de l'angle droit sont dans le rapport $\frac{1}{2}$, et on a trouvé l'angle C égal à $22°\frac{1}{2}$. Est-ce exact ou non?*

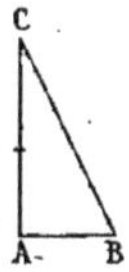

Il n'y a pas de raisonnement géométrique qui puisse nous permettre de le voir. — Donc le doute subsiste. (Mais une science spéciale, qu'on appelle la trigonométrie, nous apprendra facilement que c'est inexact.)

Fig. 201.

Ainsi toute mesure pratique d'un angle faite à l'aide du rapporteur doit toujours, quand on peut, être contrôlée par un raisonnement rigoureux. — Et, quand celui-ci fait défaut, il y a doute sur l'exactitude de la mesure.

Nous pouvons donc, d'une façon générale, formuler ce qui suit : dans une figure les angles ne peuvent que rarement être évalués exactement avec le rapporteur et ne peuvent, par conséquent, l'être qu'approximativement.

Il y a un *cas* où sans rapporteur les angles peuvent être évalués rigoureusement : c'est celui où, un cercle existant dans la figure, les côtés de l'angle passent *par les extrémités d'arcs bien connus*.

Et c'est ce que nous allons étudier ici en nous occupant successivement des **angles au centre**,

      des **angles inscrits**,

      et **des angles dont le sommet est à l'intérieur ou à l'extérieur de la circonférence**.

Seulement, au préalable, il faut que nous disions un mot sur la façon dont *on a mesuré les arcs de cercle*.

Les mathématiciens sont longtemps convenus de prendre en géométrie, pour unité d'arc, la 360e partie de la circonférence sur laquelle *est placé l'arc qu'il s'agit de mesurer*[1]. — Et cette unité d'arc *mn*, ils l'ont appelée *degré d'arc* ou simplement *degré*, le degré se subdivisant à son tour en 60 *minutes* et la minute en 60 *secondes*.

Arcs, minutes et secondes s'écrivent symboliquement, comme on l'a déjà fait, par les signes : °, ′, ″.

(On peut aussi parfois prendre pour unité d'arc le *quadrant*, c'est-à-dire l'arc qui est le quart de la circonférence[2].)

Nous verrons un peu plus loin (à propos des polygones réguliers) qu'il y a des constructions géométriques très simples pour obtenir sur une circonférence des arcs de 45°, 60°, 120°, 36°, 72°... On peut aussi obtenir tous les arcs moitiés des précédents ; de telle sorte que, très fréquemment, dans les figures où il y a des cercles, on connaît en nombres les valeurs exactes de certains arcs.

Ce point bien établi, nous allons maintenant montrer que le nombre mesure d'un angle se déduit très facilement de la connaissance des nombres, mesures des arcs que leurs côtés interceptent.

I. — MESURE DES ANGLES AU CENTRE.

Lemme. — *Dans une même circonférence ou dans deux circonférences égales, le rapport de deux angles au centre est égal*

---

1. On a choisi pour unité la 360e partie de la circonférence par la raison que le nombre 360 a un très grand nombre de diviseurs. — Il en a 24. — Par conséquent $\frac{1}{3}, \frac{1}{8}, \frac{1}{12}, \frac{1}{20}, \frac{1}{18}, \frac{1}{40}$..... de circonférence sont tous des nombres entiers de degrés.

2. Aujourd'hui pourtant on adopte assez volontiers pour unité d'arc le **grade**, c'est-à-dire la 100e partie de la circonférence (ce qui est assez logique et ramène le calcul des arcs à des nombres décimaux).

au rapport des deux arcs interceptés (que ce rapport soit commensurable ou incommensurable).

1° Prenons deux arcs AB et CD ayant par hypothèse une commune mesure AI contenue cinq fois, par exemple, dans AB et trois fois dans CD. Le rapport des arcs sera $\frac{5}{3}$. Mais, si nous joignons les points de division au centre, nous aurons d'une part cinq, d'autre part trois angles au centre égaux, ce qui nous montre que, l'angle AOB contenant cinq fois un angle AOI qui est le tiers de l'angle COD, le rapport $\frac{AOB}{COD} = \frac{5}{3}$;

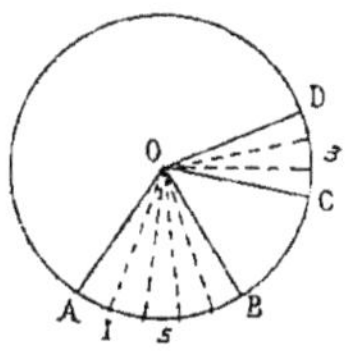

Fig. 202.

on a donc bien la proportion :

$$\frac{\text{Angle AOB}}{\text{Angle COD}} = \frac{\text{arc AB}}{\text{arc CD}}.$$

2° Supposons les deux arcs AB et CD incommensurables. Si nous partageons CD en trois parties égales, AB le contiendra par exemple cinq fois avec un reste, ce qui nous montre que $\frac{AB}{CD}$ est compris entre $\frac{5}{3}$ et $\frac{6}{3}$. De même, en partageant CD en n parties égales, on verra que $\frac{AB}{CD}$ est compris entre les deux fractions $\frac{p}{n}$ et $\frac{p+1}{n}$.

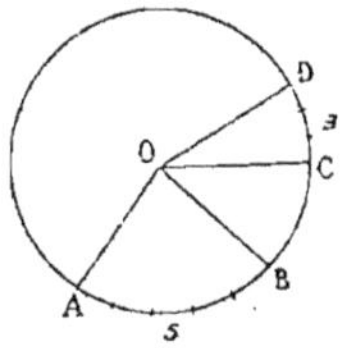

Fig. 203.

Mais l'angle AOB lui aussi contiendra p fois la $n^{ième}$ partie de l'angle COD avec un reste. Donc le rapport $\frac{AOB}{COD}$ sera lui aussi compris entre $\frac{p}{n}$ et $\frac{p+1}{n}$.

Par conséquent, d'après ce que nous avons dit plus haut (page 134), les deux rapports $\frac{AB}{CD}$ et $\frac{AOB}{COD}$ étant tous deux toujours compris entre les nombres $\frac{p}{n}$ et $\frac{p+1}{n}$, quelque grand que soit n, ces deux rapports doivent être rigoureusement égaux.

Donc on voit que, dans tous les cas, le rapport de deux angles au centre est égal au rapport des deux arcs interceptés.

C. Q. F. D.

Ce lemme établi, il est facile de mesurer l'angle au centre à l'aide de l'arc, moyennant une toute petite convention, qui sera la suivante :

Prendre toujours pour unité d'angle l'angle au centre qui intercepte l'arc choisi pour unité d'arc.

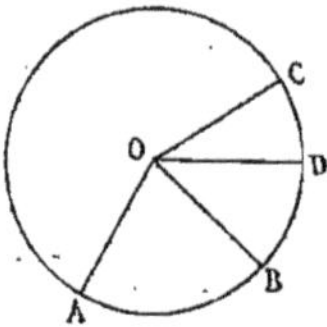

Fig. 204.

Soit à mesurer l'angle au centre AOB.

On sait que par définition (voir page 128) on a l'égalité fondamentale :

$$\text{Mesure } \overset{\frown}{AOB} = \frac{\overline{\text{angle AOB}}}{\text{angle unité}}.$$

De même on a aussi :

$$\text{Mesure arc } AB = \frac{\text{arc AB}}{\text{arc unité}}.$$

Or, 1° si on prend pour unité d'arc l'arc CD (arc qui peut être tout à fait quelconque, et qui par conséquent n'est pas nécessairement ni le degré d'arc, ni la minute d'arc, ni le quadrant, ni le grade); 2° si on prend en même temps pour unité d'angle l'angle au centre correspondant COD, comme on a toujours à cause du lemme :

$$\frac{\text{Angle AOB}}{\text{Angle COD}} = \frac{\text{arc AB}}{\text{arc CD}},$$

cela pourra s'écrire :

$$\frac{\text{Angle AOB}}{\text{Angle unité}} = \frac{\text{arc AB}}{\text{arc unité}},$$

ou en le traduisant immédiatement en langage ordinaire (à l'aide de la définition fondamentale du mot *mesure* :

$$\text{Mesure de AOB} = \text{mesure d'arc AB}.$$

Donc le nombre qui mesure l'angle AOB est le même que le nombre qui mesure l'arc. D'où le théorème suivant.

Théorème. — *L'angle au centre est mesuré par le même nombre que l'arc.*

Ce théorème s'énonce souvent comme il suit :

L'angle au centre a même mesure que l'arc intercepté, ou d'une façon encore plus abrégée, mais incorrecte :

L'angle au centre a pour mesure l'arc.

Il résulte de là que, si dans une circonférence l'arc AB vaut le

$\frac{1}{6}$ de la circonférence, c'est-à-dire est mesuré par le nombre 60, l'angle AOB aussi sera mesuré par le nombre 60.

Et le même vocable « degré ou grade » pourra, à cause de cela, servir à la fois aux arcs et aux angles, ce qui permettra à la fois de dire que l'arc AB vaut 60 degrés ou 60 grades et que l'angle AOB vaut 60 degrés ou 60 grades ; seulement, pour l'arc, le mot *degré* ou *grade* signifiera degré d'arc ou grade d'arc et, pour l'angle, il signifiera degré d'angle ou grade d'angle.

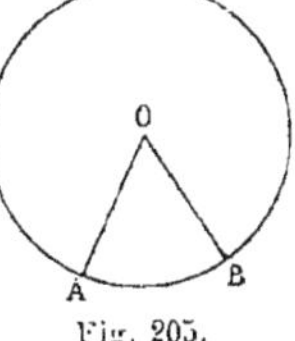
Fig. 205.

Remarque. — Il est clair que si les unités d'arc et d'angle ne se correspondaient pas, si par exemple l'unité d'angle était l'angle qui intercepte le double de l'unité d'arc, le nombre qui mesurerait l'arc était 32, le nombre qui mesurerait l'angle serait seulement 16 et le théorème précédent ne serait plus vrai[1].

II. — Mesure de l'angle inscrit.

On appelle *angle inscrit dans une circonférence* tout angle qui a son sommet sur la circonférence, les côtés étant des cordes. Ex. $\widehat{ABC}$.

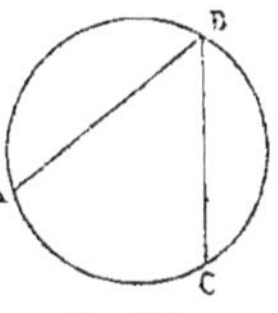
Fig. 207.

Théorème. — *L'angle inscrit a pour mesure la moitié de l'arc intercepté entre ses côtés.*

Premier cas. — Supposons que l'un des côtés de l'angle inscrit soit un diamètre AOC. La figure nous montre que cet angle BAC est la moitié de l'angle au centre BOC correspondant (car l'angle BOC extérieur au $\triangle$ AOB est égal à la somme des deux

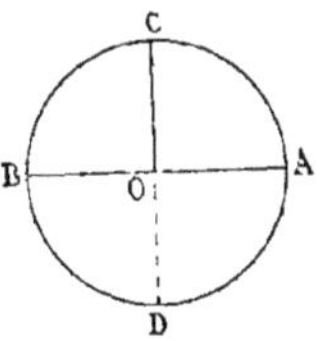
Fig. 206.

1. Il résulte du théorème de la mesure d'un angle au centre que tout angle droit renferme 90 degrés d'angle, c'est-à-dire vaut (comme on dit) 90 degrés. En effet, si par le centre d'une circonférence on mène deux diamètres pp., les quatre angles en O sont égaux. Donc ils interceptent quatre arcs égaux. Chacun d'eux vaut donc $\frac{1}{4}$ 360° = 90 degrés d'arc et l'angle droit aussi vaudra 90 degrés d'angle.

angles intérieurs non adjacents, donc vaut deux fois l'angle A).

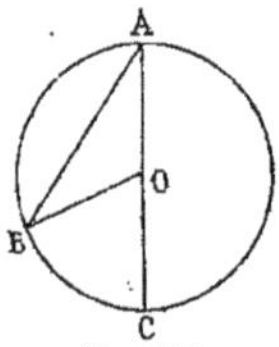

Il résulte de là que le nombre qui mesurera l'angle inscrit BAC sera la moitié du nombre qui mesure l'angle au centre BOC.

Mais celui-ci a même mesure que l'arc BC.

Donc l'angle BAC sera mesuré par la moitié du nombre qui mesure l'arc BC.

Ce qu'on exprime d'une façon incorrecte mais rapide, en disant que l'angle inscrit BAC est égal à la moitié de l'arc intercepté BC, et en écrivant même :

$$\widehat{BAC} = \frac{1}{2}\,BC.$$

Fig. 208.

DEUXIÈME CAS. — Supposons qu'aucun des côtés de l'angle inscrit ne soit un diamètre.

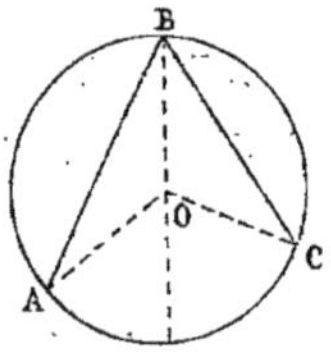

Cet angle sera alors la somme ou la différence de deux angles valant chacun la moitié de l'angle au centre correspondant. Donc l'angle ABC vaut encore la moitié de l'angle au centre correspondant AOC. Donc il sera mesuré par la moitié du nombre qui mesure l'arc intercepté, d'où le théorème général énoncé plus haut.   C. Q. F. D.

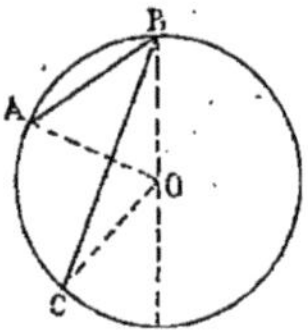

Fig. 209.   Fig. 210.

COROLLAIRE 1. — *L'angle formé par une corde et la tangente en une de ses extrémités est égal à la moitié de l'arc sous-tendu par la corde.*

PREMIÈRE DÉMONSTRATION. — Considérons une sécante BD mobile dans le sens f autour du point D. Le point D, s'il marche d'un mouvement continu, se rapproche de plus en plus du point B et même il finit par se confondre avec ce point B.

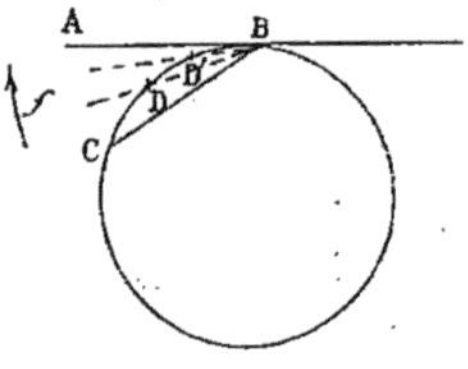

Or, dans toutes les positions les angles CBD, CBD', CBD''....., ont pour mesure la moitié des arcs CD, CD', CD''...

Fig. 211.

Donc, comme il y a en géométrie une sorte d'axiome qui dit

que, *quand une quantité variable a toujours la même propriété, cette propriété est encore vraie à la limite,* nous pouvons en conclure, la tangente BA étant la position limite de la sécante BD, que l'angle limite CBA a pour mesure la moitié de l'arc limite CB.

C. Q. F. D.

DEUXIÈME DÉMONSTRATION (destinée à éviter cette considération de limite). — Par le point C menons une plle CD à la tangente AB. L'angle BCD étant égal à l'angle ABC (comme alterne-interne formé par deux plles), la mesure de l'un sera la même que la mesure de l'autre. Mais l'angle BCD est un angle franchement inscrit qui a pour mesure $\frac{1}{2}$ arc BD.

Donc $\widehat{ABC}$ a aussi pour mesure $\frac{1}{2}$ arc BD.

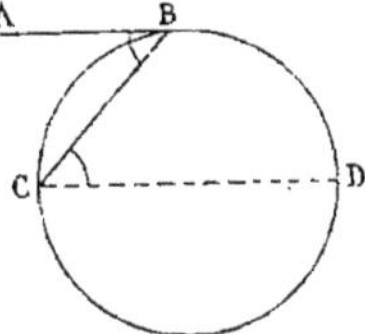

Fig. 212.

Mais les deux arcs BD et BC sont égaux (voir page 112), donc on peut dire que l'angle ABC a pour mesure la moitié de l'arc BC.

C. Q. F. D.

COROLLAIRE II. — *Étant donnée une corde AB, tous les angles inscrits dans le segment de cercle ACB sont égaux entre eux, et de plus égaux à l'angle formé par la corde et la tangente en son extrémité.*

(En effet ils ont même mesure, à savoir la moitié du nombre qui mesure l'arc AB.)

C. Q. F. D.

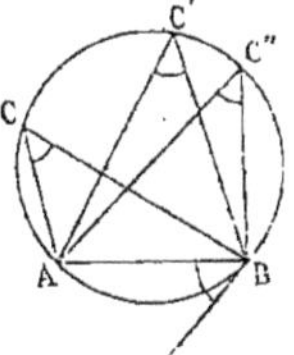

Fig. 213.

COROLLAIRE III. — *L'angle formé par une corde et le prolongement d'une autre corde ayant même extrémité est égal à la demi-somme des arcs interceptés par les deux cordes.*

En effet, l'angle ABC extérieur au $\triangle$ BAC′ est égal à la somme des deux angles intérieurs non adjacents. On a donc :

$$\widehat{ABC} = \widehat{BC'A} + \widehat{BAC'},$$
$$= \frac{1}{2}\,\text{arc}\ BA + \frac{1}{2}\,\text{arc}\ BC'.$$

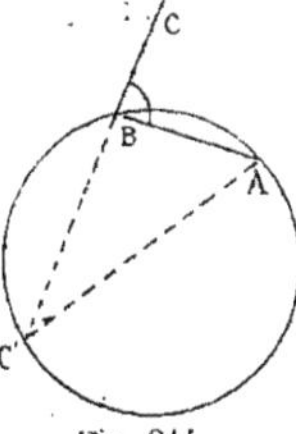

Fig. 214.

C. Q. F. D.

COROLLAIRE IV. — *Dans tout quadrilatère convexe inscrit dans un cercle, les angles opposés sont supplémentaires, et réciproquement.*

On dit qu'un *quadrilatère* est inscrit dans une circonférence, quand ses quatre sommets sont sur cette circonférence.

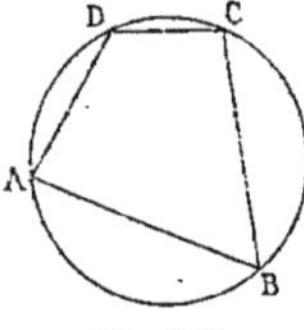
Fig. 215.

Soit ABCD un quadrilatère convexe inscrit. Pour prouver que $\hat{A} + \hat{C}$ vaut deux droits, il suffit de prouver que cette somme est mesurée par le nombre 180, l'unité étant le degré d'angle (puisque tout angle droit est mesuré par le nombre 90) (page 141).

Or, pour évaluer une somme, il est naturel d'évaluer chacune des parties. Ici, le nombre qui mesure l'angle A est la moitié du nombre qui mesure l'arc BCD. Ce qui s'écrit conventionnellement : $A = \frac{1}{2}$ arc BCD; on a de même, $\hat{C}$ étant un angle

inscrit :
$$\hat{C} = \frac{1}{2} \text{arc BAD}.$$

Par conséquent $\hat{A} + \hat{C} = \frac{1}{2} \text{arc BCD} + \frac{1}{2} \text{arc BAD} = \frac{1}{2}$ circon-

férence $= \frac{1}{2} 360;$ $= 180;$

donc A et C sont des angles supplémentaires.

Le quadrilatère étant quelconque, deux angles opposés ne peuvent pas avoir une propriété que n'aient pas les deux autres angles supplémentaires (car sans cela le quadrilatère ne serait pas quelconque).

Donc deux angles opposés (quels qu'ils soient) sont supplémentaires.

C. Q. F. D.

RÉCIPROQUEMENT. — *Si dans un quadrilatère deux angles opposés sont supplémentaires, le quadrilatère est inscriptible dans un cercle.*

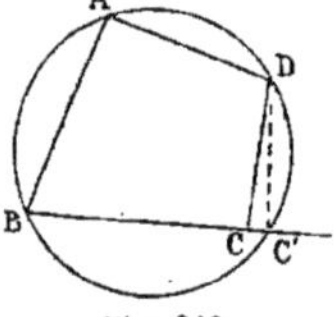
Fig. 216.

Soit un quadrilatère convexe ABCD dans lequel par hypothèse $A + C = 2$ droits.

Je dis que la circonférence passant par les trois points D, A, B passe nécessairement par le quatrième sommet C.

En effet, supposons un moment que cela n'ait pas lieu. La droite BC couperait alors la circonférence en un autre deuxième point C', et le quadrilatère inscrit étant

DABC′, C′ serait le supplément de A (à cause du théorème précédent) et par conséquent C′ serait égal à C.

Mais cela est impossible, car l'angle extérieur d'un Δ DCC′ ne saurait être égal à l'angle intérieur.

Donc notre supposition doit être rejetée, et le cercle passant par les trois points D, A, B doit nécessairement passer par le quatrième C.

Donc le quadrilatère est inscriptible.   C. Q. F. D.

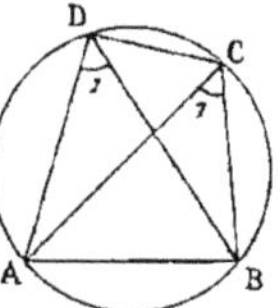

Fig. 217.

REMARQUE. — *Dans tout quadrilatère convexe inscrit (ou inscriptible), si on mène les diagonales, on a des groupes d'angles deux à deux égaux.*

En effet les angles C_1 et D_1 ont même mesure.

III. — MESURE DES ANGLES DONT LE SOMMET EST INTÉRIEUR OU EXTÉRIEUR A UNE CIRCONFÉRENCE.

Théorème. — *Un angle dont le sommet n'est pas sur la circonférence est égal :*

à la $\frac{1}{2}$ somme des arcs interceptés s'il est intérieur;

à la $\frac{1}{2}$ différence des arcs interceptés s'il est extérieur.

1° Soit I un point intérieur sommet d'un angle AIB.

Pour évaluer cet angle en fonction des arcs AB et CD interceptés par ses deux côtés, joignons AD.

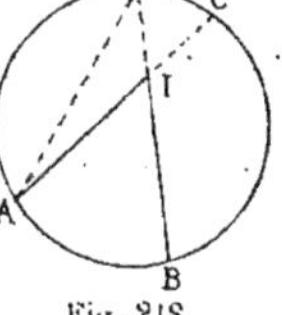

Fig. 218.

La figure nous montre immédiatement que l'angle AIB extérieur au Δ AID est égal à $\hat{A} + \hat{D}$.

On a donc :

mesure de $\widehat{AIB} = \hat{A} + \hat{D}$;

$$= \frac{1}{2}\text{ arc DC} + \frac{1}{2}\text{ arc AB}. \qquad \text{C. Q. F. D.}$$

2° Soit E un point extérieur sommet d'un angle extérieur AEB.

On a :

$$\widehat{AEB} = \widehat{ACB} - \widehat{CBE}.$$

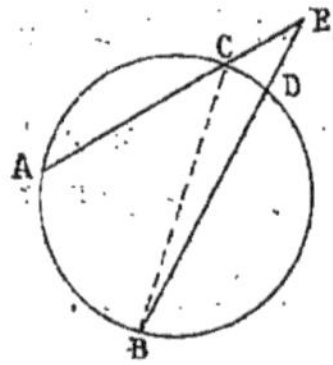

Fig. 219.

(Car l'angle intérieur d'un $\triangle$ est égal à l'angle extérieur, moins un deuxième angle intérieur.)

Donc :

$$\text{mesure de } \widehat{AEB} = \frac{1}{2} \text{ arc AB} - \frac{1}{2} \text{ arc CD}.$$

$$= \frac{1}{2} \text{ arc AB} - \text{ arc CD}.$$

C. Q. F. D.

CoROLLAIRE. — *L'angle formé par deux tangentes issues d'un même point est égal à la demi-différence des deux arcs concave et convexe interceptés.*

PREMIÈRE DÉMONSTRATION. — En effet, si aux tangentes on substitue des sécantes voisines, puis qu'on les fasse tourner de façon à les rapprocher de plus en plus des sécantes, les $\frac{1}{2}$ différences $\dfrac{B'C' - MN}{2}$ ten-

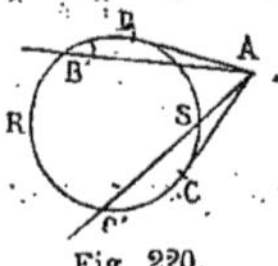

Fig. 220.

dent vers $\dfrac{BRC - BSC}{2}$. Mais, quand une grandeur variable a toujours la même propriété, cette propriété subsiste encore à la limite. Donc on a le droit d'écrire que :

limite de la mesure de l'angle B'AC' = limite de la $\frac{1}{2}$ différence (B'C' — MN),

en d'autres termes que la mesure de BAC $= \frac{1}{2}$ (arc BRC — arc BSC).

DEUXIÈME DÉMONSTRATION. — (Si on veut éviter d'avoir à parler de limites.)

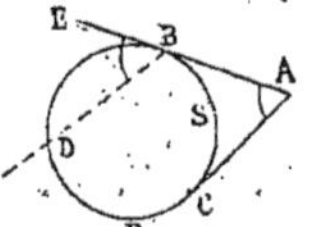

Fig. 221.

Par le point de contact B menons la pile BD. Les angles EBD et A sont égaux. Donc, au lieu de mesurer A, on peut mesurer EBD, et on aura :

$$\text{mesure de } \hat{A} = \frac{1}{2} \text{ arc BD};$$

$$\equiv \frac{1}{2}(\text{arc } BRC - \text{arc } CD);$$

$$\equiv \frac{1}{2}(\text{arc } BC - \text{arc } BSC);$$

(puisque, quand une tangente est plle à une corde, on a deux arcs égaux).

Remarque importante.

Le théorème sur l'angle inscrit nous fournit une nouvelle **méthode générale** d'un emploi très fréquent dans tous les problèmes ou théorèmes où on a à prouver que deux angles d'une figure où il y a un cercle tracé sont égaux.

Cette méthode consiste à substituer à la mesure des angles celle des arcs, c'est-à-dire à prouver que **les angles sont égaux parce que les arcs le sont.**

Exemple 1. — Prouver que, si par le point de contact A de deux cercles tangents extérieurement on mène deux sécantes, les sécantes CE et DB ainsi ob-
tenues sont plles.

Pour prouver que DB est plle à CE, essayons la méthode des angles alternes-internes, et tâchons de démontrer que $\widehat{D} = \widehat{E}$. Pour cela mesurons-les. Ils valent, l'un $\frac{1}{2}$ arc AB, l'autre $\frac{1}{2}$ arc AC.

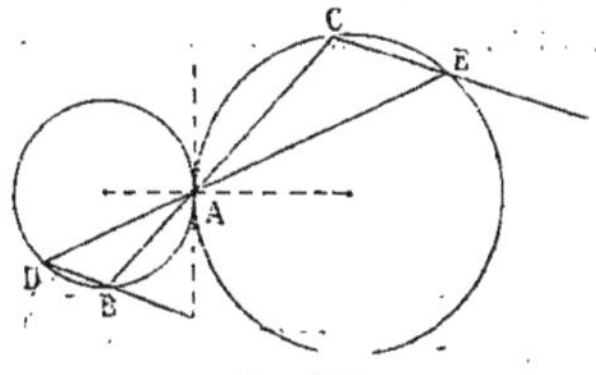

Fig. 222.

Nous sommes donc maintenant ramenés à prouver non plus que deux droites sont plles, mais que les deux arcs AB et AC sont égaux, c'est-à-dire ont le même nombre de degrés. — Pour y arriver, remarquons que jusqu'à présent nous n'avons pas encore utilisé la donnée que les deux circonférences étaient tangentes, et il faut absolument nous en servir. Or, si cela a lieu, les deux circonférences ont même tangente en A. Menons donc cette tangente en A et regardons bien dans la figure les arcs AB et AC dont nous devons nous occuper.

Nous ne tarderons pas à remarquer que l'arc AB sert de mesure à l'angle BAX, en ce sens que $\widehat{BAX} = \frac{1}{2}$ arc AB.

De même on aura $\widehat{CAY} = \frac{1}{2}$ arc AC.

Par conséquent, les deux angles opposés par le sommet étant égaux, les deux arcs sont égaux, et le théorème est démontré.

Exemple 2. — Etant donné un Δ ABC inscrit dans un cercle, si par un point P pris sur la circonférence on mène des plles aux trois côtés du Δ, plles qui rencontrent la circonférence en C', A' et B', le Δ A'B'C' a tous ses éléments égaux à ceux du Δ ABC mais lui est symétrique, c'est-à-dire lui est inversement égal.

Exemple 3. — Quand deux cercles se coupent en A, si par le point A on mène deux sécantes, l'angle formé par les deux cordes formées est constant.

Exemple 4. — Dans tout Δ, les hauteurs sont les bissectrices des angles du Δ formé par les pieds de ces hauteurs.

Exemple 5. — *Droite de Simson.*

On pourrait multiplier les exemples[1]. Toutefois nous pouvons dire ici, comme indication générale, que toutes les fois que l'on aura dans une figure à s'occuper des trois hauteurs d'un Δ ou des pp. abaissées d'un point sur les trois côtés d'un Δ, on fera bien de considérer les quadrilatères inscriptibles qui en découlent, et d'utiliser alors dans ces quadrilatères les groupes d'angles deux à deux égaux.

---

§ 10. — Etude de quelques lieux géométriques

Il y a un nombre infini de lieux géométriques qui dérivent du deuxième livre de géométrie.

Quand on a simplement à vérifier qu'un lieu géométrique est une ligne indiquée d'avance, il n'y a que deux choses à faire :

1° Vérifier que tous les points de la ligne ont la propriété énoncée dans le lieu géométrique.

2° Vérifier que les points en dehors de la ligne n'ont pas cette propriété.

Quand au contraire on n'indique pas d'avance le résultat et

---

1. Voir le *Guide méthodique de résolution des problèmes de géométrie.* (Librairie Belin frères.)

qu'on a à chercher la nature de ce lieu géométrique, il faut alors faire trois choses :

1° Chercher à se faire une idée de la forme du lieu, et aussi une idée de la position qu'il occupe au milieu de la figure.

2° Transformer la propriété d'un point donné du lieu en une autre nouvelle propriété telle que le lieu devienne évident ou se ramène à un lieu connu.

3° S'assurer que tous les points de la ligne ainsi obtenue sont des points du lieu, c'est-à-dire jouissent de la propriété demandée.

(La première recherche est quelquefois ou inutile ou impossible, mais les deux autres sont indispensables.)

———

Cette deuxième méthode est une méthode de recherche ou d'analyse.

La première méthode est simplement une méthode de vérification.

———

Nous allons nous attacher ici à traiter seulement quatre lieux géométriques, parce qu'ils sont d'un usage très fréquent, les autres étant, à proprement parler, des problèmes[1].

PREMIER LIEU GÉOMÉTRIQUE.

Le lieu géométrique des milieux des cordes égales placées dans un cercle est une circonférence concentrique.

La question posée en ces termes ne constitue qu'une indication assez vague. Il n'y a donc pas moyen d'employer la méthode de vérification. Il faut employer la méthode dite de recherche ou d'analyse.

1° Si on se fait une idée de la forme du lieu, on voit que ce lieu a l'air d'être une circonférence concentrique à la première.

2° Pour transformer la propriété d'un point M du lieu en une autre qui rende le lieu évident, il n'y a qu'à joindre OM, à se rappeler que la droite OM est pp. à AB (page 103), enfin que OM a une longueur connue (puisqu'elle est le côté de l'angle droit d'un Δ rectangle OAM

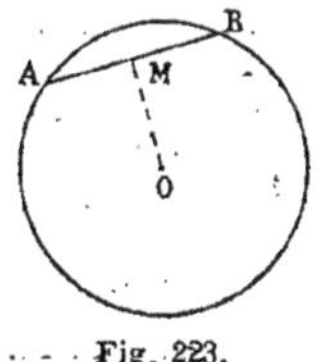

Fig. 223.

———

1. Voir, dans le *Guide méthodique de résolution des problèmes*, le paragraphe spécial où se traite la recherche des lieux géométriques.

où l'hypoténuse est le rayon, l'autre côté étant la moitié de la longueur qu'ont constamment toutes les cordes).

Il en résulte que tous les points milieux M ont en même temps cette autre propriété : d'être à une distance constante et connue du centre O.

Par conséquent tous ces points M doivent être sur une circonférence de centre O, et de rayon connu — et nulle part ailleurs.

3° D'ailleurs un point quelconque M' pris sur cette circonférence concentrique est un point du lieu. Car, si en M' on mène la tangente au cercle, la corde CD ainsi obtenue est égale à AB (puisque deux cordes également distantes du centre sont égales) et de plus M' est le milieu de CD (puisque la pp. menée du centre sur une corde passe par le milieu de cette corde).

Fig. 224.

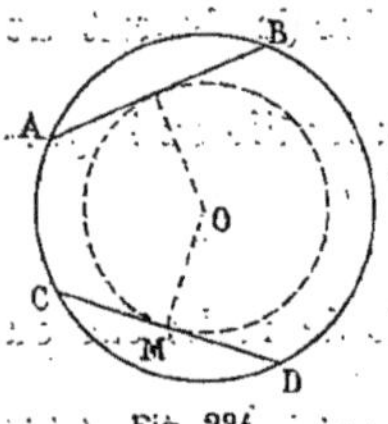

Donc, en résumé, les points de cette circonférence concentrique ont tous la propriété demandée et sont seuls à l'avoir. Cette circonférence est donc le lieu cherché des milieux des cordes égales.

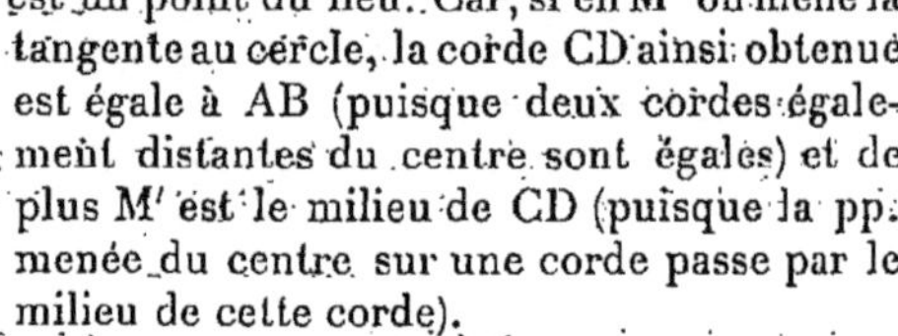

Deuxième lieu géométrique.

Le lieu géométrique des points d'où l'on voit une droite donnée sous un angle droit est la demi-circonférence placée sur cette droite comme diamètre[1].

Soit AB une droite donnée. Si par A on mène une droite quelconque AX et que du point B on mène la pp. BM, M est un point du lieu.

Fig. 226.

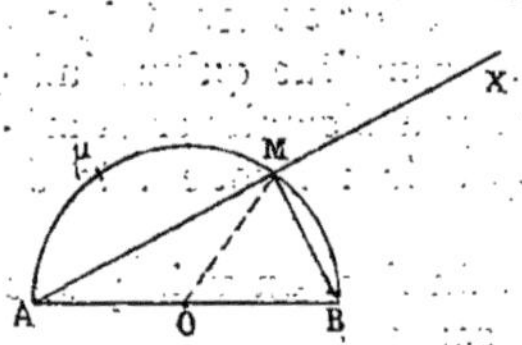

Pour trouver *ce lieu*, il n'est pas nécessaire, bien qu'on pourrait le faire, de commencer par se faire une idée de la forme du lieu. On peut, à la simple inspection de la figure, voir comment il faut transformer la propriété du point M du lieu. En effet, une des principales propriétés du Δ rectangle est que la médiane issue de l'angle droit est égale à la moitié de l'hypoténuse.

Fig. 225.

1. L'angle sous lequel on voit d'un point une droite donnée AB est, par définition, l'angle AOB formé par les deux rayons visuels extrêmes OA et OB.

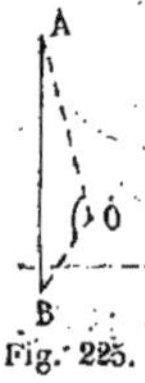

Dès lors, pour un point quelconque M du lieu, on a :

$$OM = \frac{AB}{2},$$

donc OM est constant. Donc tous les points du lieu, du moins ceux situés au-dessus de AB, sont sur la demi-circonférence placée sur AB comme diamètre, et nulle part ailleurs. Du reste, un point quelconque μ de cette demi-circonférence est un point du lieu (car tous les angles inscrits dans une demi-circonférence sont droits).

Donc le lieu demandé des points d'où on voit AB sous un angle droit est bien la demi-circonférence placée sur AB.

Troisième lieu géométrique.

Si d'un point extérieur P on mène des sécantes à un cercle O, trouver le lieu des milieux des cordes interceptées.

Pour transformer la propriété du point M du lieu, il suffit de remarquer que le mot *milieu d'une corde* nous fait penser à cette propriété, que la droite MO qui le joint au centre est pp. à AB.

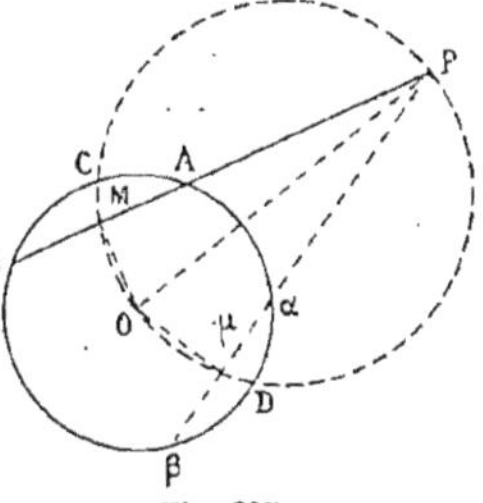

Dès lors, du point M on doit voir la droite fixe OP sous un angle droit. Donc tous les milieux en question sont sur la circonférence placée sur OP comme diamètre, et nulle part ailleurs.

Mais, si nous décrivons cette circonférence de diamètre OP, il n'y a qu'une partie de cette circonférence qui convient, c'est l'arc CD.

D'ailleurs on a vu qu'un point quelconque μ de cet arc est un point du lieu (puisque l'angle OμP est droit et que dès lors, Oμ étant pp. à αβ, μ est le milieu de αβ). Le lieu cherché est donc l'arc de cercle CD tout entier.

Quatrième lieu géométrique.

Le lieu géométrique des points d'où l'on voit une droite AB donnée sous un angle donné quelconque α est un arc de cercle, ce cercle ayant pour corde la droite AB et étant tangent à la droite qui passant par B fait avec AB l'angle donné α.

Ici l'énoncé du lieu est complet et très net. Aussi allons-nous employer la méthode dite de vérification[1].

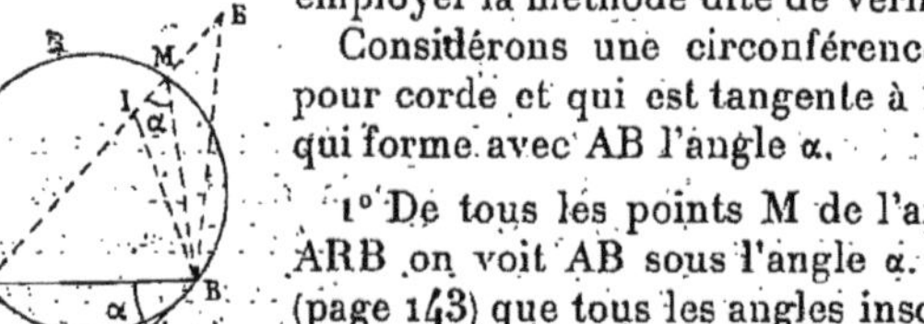
Fig. 228.

Considérons une circonférence ayant AB pour corde et qui est tangente à la droite BC qui forme avec AB l'angle α.

1° De tous les points M de l'arc supérieur ARB on voit AB sous l'angle α. Car on sait (page 143) que tous les angles inscrits dans un segment de cercle sont égaux entre eux et égaux aussi à l'angle formé par la corde et la tangente en une de ses extrémités. Par conséquent tous ces angles tels que AMB sont égaux à α.

2° D'un point, ou intérieur ou extérieur au cercle, on ne voit pas la droite AB sous l'angle α. Car pour les points intérieurs tels que I l'angle AIB est supérieur à α (angle extérieur d'un Δ IMB), et, pour les points extérieurs tels que E, l'angle AEB est inférieur à α (l'angle intérieur d'un Δ étant toujours plus petit que l'angle extérieur non adjacent).

Donc le lieu géométrique est bien l'arc de cercle ARB tout entier (du moins si on ne considère que les points du plan situés au-dessus de AB).

REMARQUE. — Les points de l'arc ASB situés du même côté de AB que la tangente BC constituent le lieu des points d'où on voit AB sous l'angle supplémentaire de α.

On convient d'appeler, par définition, le lieu précédent, le *segment capable d'un angle donné placé sur une droite donnée* — ou simplement *un segment capable.*

Comme dernier lieu géométrique, nous signalerons *le lieu des points tels que les pieds des pp. menées de ces points sur les trois côtés d'un Δ soient en ligne droite.*

(Ce lieu s'appelle la droite de Simpson.)

§ 11. — Problèmes de construction relatifs au second livre

Avant d'aborder les constructions en détail, disons d'abord

1. On pourrait employer la première dite de recherche. Mais la démonstration serait plus longue et quelque peu pénible.

un mot sur ce qu'il faut entendre en géométrie par ce mot
« construire ».

Quand on dit par exemple « construire une tangente à un
cercle par un point extérieur », l'élève débutant croit naturellement avoir répondu à la question en dessinant le mieux possible une droite qui passe par le point et qui ait l'air de *toucher* la circonférence.

Pourtant ce n'est pas là la réponse à la question posée. Car
quand on aura de la sorte mené la droite *qui touche*, si on la
déplace très légèrement, elle pourra paraître encore la *toucher*.

Cette construction est donc absolument sujette à critique.

Mais si, grâce à un raisonnement de l'esprit (cet instrument
si infaillible que nous possédons en nous), on peut montrer que
la tangente demandée doit passer par un deuxième point très
bien défini, il n'y aura cette fois plus d'hésitation ni de doute
possible dans la position que doit avoir la tangente demandée :
cette tangente doit être la droite joignant ces deux points.

Et cette fois la construction sera très nette et sans critique ni
discussion possible.

Il résulte de là qu'un problème de construction n'est pas une
affaire de tâtonnement ou d'approximation : et il nous est possible de dire qu'une construction ne sera faite que quand on
aura, par exemple, ou à joindre deux points, ou à mener des
circonférences de centres et de rayons bien définis.

Les points à joindre seront, ou des points donnés de la figure,
ou des points qu'il faudra eux-mêmes déterminer toujours par
l'intersection de deux lignes très nettes.

Par conséquent nous donnerons les définitions suivantes très
fermes :

Définition. — **Construire un point, c'est construire
deux lignes renfermant ce point ;**
**et construire une droite, c'est en déterminer deux points
qu'il suffira de joindre.**

Les instruments à employer pour faire des constructions sont
la règle, le compas et l'équerre, instruments appelés géométriques.

Nous ne pouvons pas employer comme instruments de précision le rapporteur, car on ne peut avoir les arcs qu'à 1/4 de
millimètre près, de telle sorte que la moindre erreur aurait des
conséquences fâcheuses pour peu que l'on prolonge les côtés de
l'angle un peu loin.

Nous allons étudier les constructions géométriques dans l'ordre suivant :

I. — Construction de points;

II. — Construction de droites;

III. — Construction de circonférences;

IV. — Construction de triangles.

I. — Construction d'un point.

Quand il s'agit de placer un point dans une figure et que ce point ne doit pas se trouver à l'intersection de deux lignes qui y sont déjà tracées, ce point se détermine toujours franchement et sans tâtonnements, ou *par l'intersection de deux lieux géométriques* — ou *par l'intersection d'un lieu géométrique et d'une ligne déjà tracée sur la figure.*

Premier cas. — Quand le point à placer n'a qu'une propriété, à cette propriété correspond toujours un lieu : le lieu des points ayant cette propriété. Il faudra dans ce cas, pour déterminer le point, dire en plus qu'il doit se trouver sur une ligne de la figure.

Exemple 1. — *Trouver sur une circonférence donnée O un point distant d'une droite xy d'une longueur donnée.*

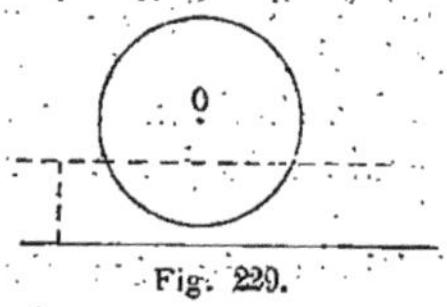

Le point devra se trouver d'une part sur la circonférence O, d'autre part sur la plle menée à la droite à la distance donnée. Donc il sera à leur intersection, et il y aura en général deux points répondant à la question.

Fig. 229.

Exemple 2. — *Trouver le milieu d'une droite donnée.*

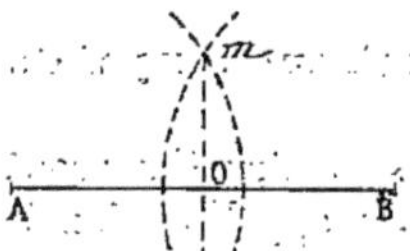

Nous connaissons déjà une ligne sur laquelle il est. Cherchons-en donc une seconde.

L'artifice employé est le suivant :

Des deux points A et B comme centres, avec des rayons égaux suffisamment grands, on décrit deux arcs de cercle qui se coupent en deux points qu'on joint par une ligne droite.

Fig. 230.

Le point où cette ligne droite rencontre AB est le point milieu demandé.

En effet, les deux points m et n, étant (par construction) à égale distance de A et de B, appartiennent à la pp. élevée à AB en son milieu.

La droite mn est donc la pp. à AB en son milieu. Donc le point O où elle coupe A est le milieu de mn, ce qui justifie la construction.

DEUXIÈME CAS. — Quand le point à construire a une double propriété, à chacune d'elles correspond un lieu, de telle sorte qu'alors le point sera défini par l'intersection de deux lieux géométriques.

Exemple. — Construire un point situé extérieurement à une distance donnée l d'une circonférence O et à une distance donnée l' d'une droite xy.

Le point devra se trouver d'une part sur la pile à xy menée à la distance l' et d'autre part sur un cercle concentrique de rayon $(OA + l)$.

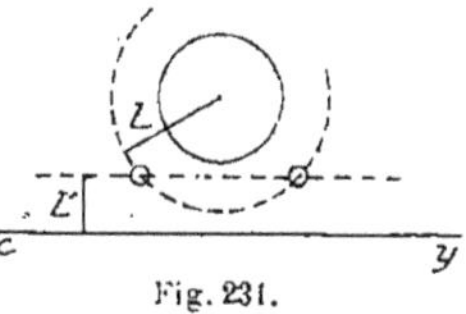
Fig. 231.

Remarquons pour finir que, pour arriver à construire un point sans tâtonnement et à l'aide de constructions précises, on devra toujours, avant tout, *supposer le problème résolu*, c'est-à-dire placer le point à peu près comme on le demande par rapport aux lignes de la figure; puis, ayant sous les yeux cette figure, on devra en déduire les constructions nécessaires, constructions qu'on pourra (surtout si on est encore inexpérimenté) faire soigneusement à part, dans un espace réservé à cet effet, et où le terrain est en quelque sorte préparé pour y recevoir les constructions.

II. — CONSTRUCTION DE DROITES.

Nous allons montrer que, pour construire une droite sur une figure, on tâche toujours d'en construire deux points, à moins que la figure n'en donne déjà un, auquel cas il suffit d'en construire un seul; quelquefois pourtant on peut, pour obtenir une droite, tâcher d'en connaître un point et la direction.

Premier problème de construction de droite.

Mener une pp. à une droite xy *par un point* A *pris sur cette* droite.

Ici nous avons encore à mener une droite; nous en connaissons déjà un point; il faut donc en chercher un second.

L'artifice employé est le suivant (et il faut l'apprendre par cœur) :

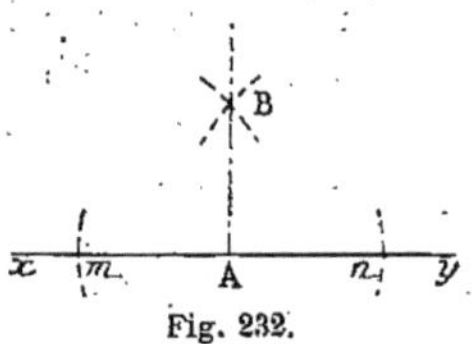

Fig. 232.

De part et d'autre de A on prend avec le compas deux longueurs égales quelconques Am et An. Des deux points m et n on décrit deux arcs de cercle de même rayon qui se coupent en B, et on joint BA qui est la pp. demandée.

(En effet, dans tout Δ isocèle, la médiane est hauteur.)

Remarque. — Cette construction ne peut plus se faire quand le point donné A est au bord de la feuille.

Fig. 233.

Pour en trouver une autre, supposons le problème résolu et soit H un point quelconque de cette pp. AZ. Si par H nous menons une droite quelconque HB, le Δ ABH étant rectangle, la médiane AO est égale à la moitié de l'hypoténuse[1] — et réciproquement, si la médiane est égale à la moitié du côté où elle aboutit, le Δ est rectangle.

On aura dès lors la construction suivante :

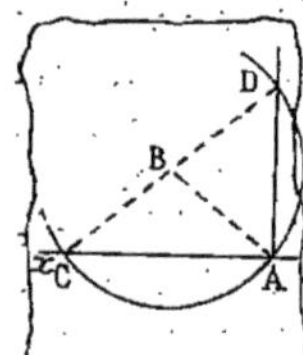

Fig. 234.

On joint le point A à un point quelconque B du plan. De ce point B avec un rayon égal à BA on décrit un arc de cercle qui coupe *xy* en C. On prolonge CB d'une longueur égale BD et on joint DA.

DA sera la pp. demandée.

(Car, la médiane étant égale à la moitié du côté correspondant, le Δ est rectangle.)

Nota. — Avec l'équerre, le problème précédent se traiterait aisément.

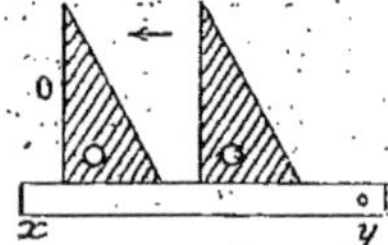

Fig. 235.

Deuxième problème de construction de droite.

Mener une pp. à une droite xy par un point extérieur O.

Premier procédé par la règle et l'équerre (déjà traité dans le premier livre).

---

1. O devrait être au milieu de BH (*Erratum*).

DEUXIÈME PROCÉDÉ PAR LA RÈGLE ET LE COMPAS. — *De A comme centre avec un rayon suffisant on trace un arc de cercle qui coupe xy en m et n. De ces deux points comme centres on décrit des arcs de cercle de même rayon qui se coupent au-dessous en B, et on joint AB qui est la pp. demandée.*

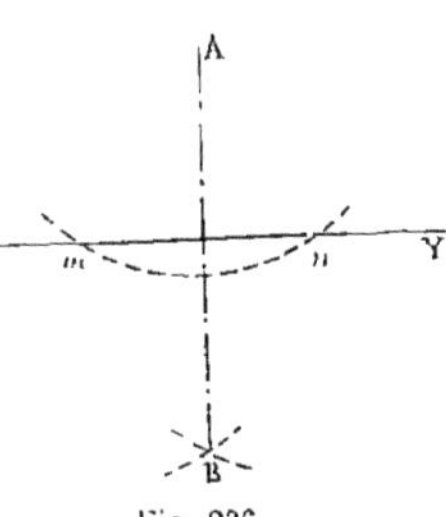

Fig. 236.

En effet A et B, étant à égale distance de *m* et de *n*, appartiennent à la pp. menée au milieu de *mn*. Donc cette pp. est la droite obtenue en joignant A et B. Donc AB étant pp. à *mn* l'est à *xy*.

TROISIÈME PROCÉDÉ PAR LA RÈGLE ET LE COMPAS (quand le point donné est au bord de la feuille). — *La construction précédente est alors impraticable puisqu'il n'y a pas moyen de prolonger xy. L'artifice consiste alors à mener par le point A une droite quelconque aboutissant à xy, à prendre le milieu de cette droite, et à décrire de ce point 1 avec un rayon égal à IA un arc de cercle : le point H où il coupe xy étant joint au point A, la droite AH est la pp. cherchée.*

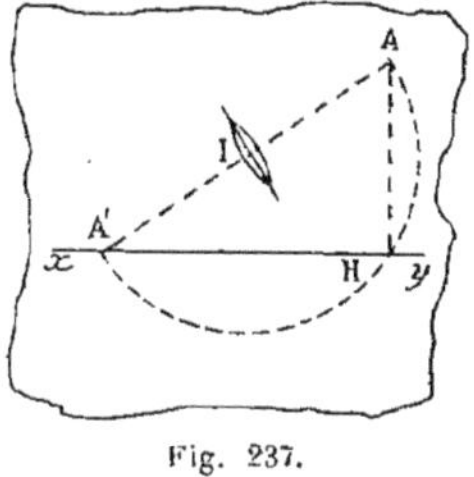

Fig. 237.

(En effet, dans le Δ AA'H, la médiane qui correspond à un côté AA' étant égale à la moitié de ce côté, le Δ est rectangle en H.)

Troisième problème de construction de droite.

Par un point donné A mener une pllc à une droite xy.

PREMIER PROCÉDÉ. — Nous avons déjà donné, dans le premier livre de géométrie, une construction à l'aide d'une règle et de deux équerres à angles égaux.

DEUXIÈME PROCÉDÉ A L'AIDE DU COMPAS ET DE LA RÈGLE. — *On relie le point A à xy par une droite quelconque AB. De B comme centre on décrit un arc quelconque mn. De A comme centre avec le même rayon, on décrit encore un arc. On porte l'ouverture de compas mn en pq et on joint Aq. Aq est la plle demandée.*

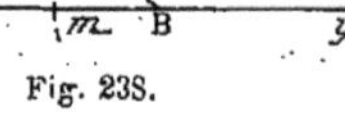

Fig. 238.

(En effet dans deux circonférences égales des cordes égales sous-tendent des arcs égaux. Donc les angles au centre A et B sont égaux. Donc les angles alternes-internes étant égaux les droites sont plles.)

REMARQUE. — La construction précédente doit encore être employée quand on veut construire un angle égal à un angle donné.

Quatrième problème de construction de droite.

Construire la bissectrice d'un angle.

Premier cas. — *Le sommet de l'angle est donné.*
On connaît alors déjà un point de la bissectrice et il suffit d'en déterminer un second.

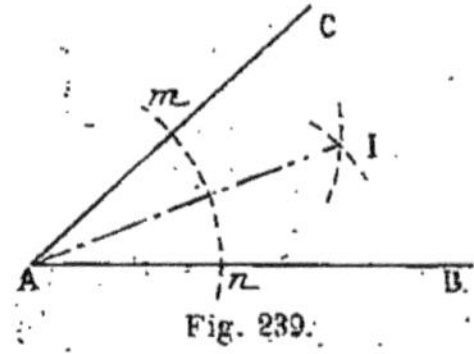

Fig. 239.

PREMIER PROCÉDÉ PAR LE COMPAS ET LA RÈGLE. — *Du sommet A comme centre avec un rayon quelconque on décrit un arc mn. Puis de m et de n comme centres avec le même rayon on décrit deux arcs de cercle qui se coupent en I, et on joint AI ; AI est la bissectrice.*

(En effet les deux Δ AmI et AnI sont égaux.)

DEUXIÈME PROCÉDÉ (voir la figure dans le premier livre, page 89).
— *En des points quelconques de AB et de AC, on élève des pp. égales, et par les extrémités on mène des plles qui se coupent en D. — AD est la bissectrice cherchée.*

(En effet, le point D, étant à égale distance des deux côtés, appartient à la bissectrice.)

Deuxième cas. — *Le sommet de l'angle est en dehors de la feuille.*

La méthode consistera à mener comme tout à l'heure deux pp. à égale distance, d'où deux points 1 et 2 de la bissectrice cherchée (voir encore le premier livre, page 89).

Cinquième problème de construction de droite.

Mener une tangente à un cercle :

    1° *Par un point pris sur la circonférence;*
    2° *Parallèlement à une direction donnée;*
    3° *Par un point extérieur donné.*

PREMIER CAS. — Soit A le point donné sur la circonférence O.
Puisque nous voulons lui mener
une tangente en A, supposons
comme toujours le problème résolu, c'est-à-dire menons en A
une droite AB qui paraisse être
tangente. Ayant sous les yeux
cette figure où le problème est
supposé résolu, la solution apparaît :

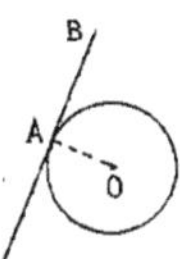
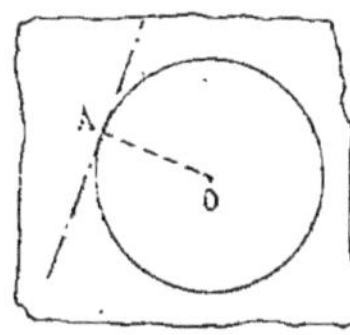

Fig. 210.   Fig. 211.

 Il n'y a qu'à joindre A au centre et à mener (par les procédés indiqués plus haut) *une pp. en A à cette droite AO.*

DEUXIÈME CAS. — *Soit à mener une tangente au cercle O plle
à la direction donnée* MN.

Supposons encore le problème résolu. Ayant sous
les yeux cette figure où le problème est supposé
résolu, nous voyons que, si la droite est tangente,
elle est pp. au rayon OA. Mais alors OA est aussi
pp. à MN.

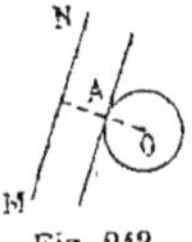

Fig. 212.

Par conséquent la construction sera la suivante :
Du centre O on mène une pp. à la direction donnée MN
*et au point A où elle coupe la circonférence
on mènera une plle à* MN.

REMARQUE. — On voit qu'ici on détermine la droite, à l'aide d'un point et de sa
direction.

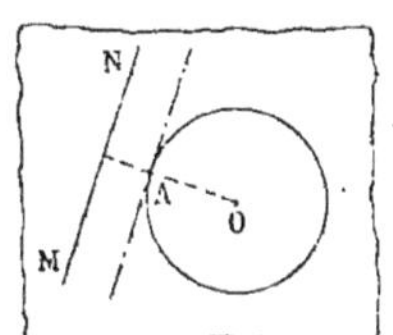

Fig. 213.

TROISIÈME CAS. — *Soit à mener une tangente au cercle O par le point extérieur* P.

Supposons encore, comme toujours, le problème résolu.
Comme nous connaissons déjà un point P de la tangente demandée PA, elle sera connue si nous en connaissons un second,
c'est-à-dire le point de contact A (voir page 153).

Or, pour déterminer un point qui se trouve déjà sur une ligne de la figure, il faut toujours chercher un lieu géométrique sur lequel doit encore se trouver ce point (voir page 154), et cela se fait en tâchant de découvrir au point cherché une certaine propriété.

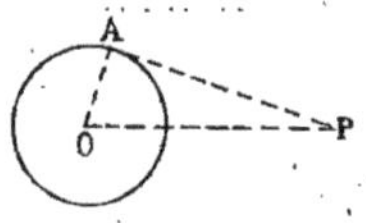

Fig. 214.

Ici le point A a cette propriété : que de A on voit OP sous un angle droit. Par conséquent le point A doit se trouver encore sur la demi-circonférence décrite sur OP comme diamètre. Donc :

Règle. — *Pour mener une tangente à un cercle par un point extérieur, on joint ce point au centre ; sur la droite ainsi obtenue on place une circonférence, on cherche ses points d'intersection avec le cercle donné et on les joint au point extérieur.*

Remarque. — Au lieu de traiter le problème comme nous l'avons fait, par une analyse méthodique, on aurait pu faire de la synthèse, c'est-à-dire donner brusquement, tout de suite, la construction et la vérifier après (en remarquant que les angles OAP et OA′P étant droits, comme inscrits dans une demi-circonférence, les droites PA et PA′ sont des tangentes).

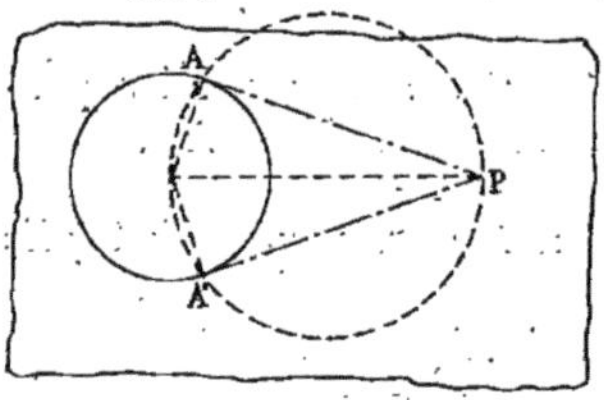

Fig. 215.

Mais, pour employer cette méthode, il faut être bien sûr de soi.

D'ailleurs, si on apprenait de la sorte un grand nombre de règles de construction par cœur, on ne serait guère exercé à en inventer soi-même d'autres (voir page 15).

Toutefois, comme la méthode synthétique est d'un exposé plus facile et plus bref que l'autre, nous conclurons ce qui suit :

Il est bon d'apprendre les deux façons.

Sixième problème de construction de droite.

Construire une tangente commune à deux cercles.

Supposons encore le problème résolu et soit AA′ une tangente commune laissant les deux cercles d'un même côté (tangente appelée *commune extérieure*).

Et étudions la figure.

Comme, toutes les fois qu'une droite est tangente, la première
vérité qui se dégage de cette hypo-
thèse est la perpendicularité au rayon,
on voit tout de suite que les deux
rayons sont pp. à AA′, donc plles entre
eux. — Mais on ne voit rien de
plus, et on est très embarrassé pour
continuer.

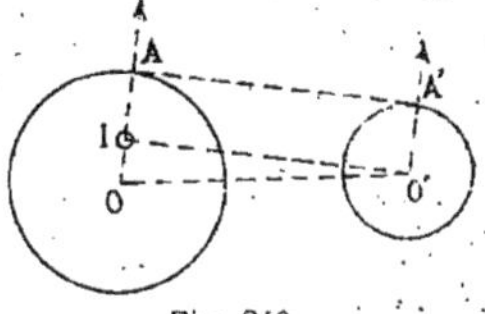

Fig. 246.

Heureusement qu'il y a un artifice
connu qui nous dit que, quand on se trouve en présence d'un
trapèze et qu'on est embarrassé, on
arrive très souvent au but en le dé-
composant soit en deux △,
    soit en un △ et un pllgr[1].

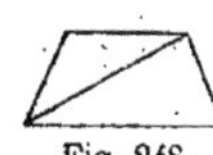

Fig. 247.   Fig. 248.

Menons donc ici par O′ une plle à AA′ qui coupera OA au
point I, et disons-nous alors que, si le point I était connu, le problème serait fait (puisqu'il suffirait de joindre OI et de mener
par O′ la plle, d'où les deux points A et A′, d'où la droite AA′).

Le problème est donc ramené maintenant à la construction
d'un point, le point I, problème facile.

En effet, $OI = OA - IA = R - r$; donc, à cause de cette première propriété du point I, le point I se trouve sur une circonférence décrite de O comme centre avec la différence des rayons
pour rayon.

D'autre part l'angle OIO′ est droit. A cause de cette deuxième
propriété, le point I doit se trouver sur la demi-circonférence
placée sur OO′. Donc :

CONSTRUCTION. — *Pour mener une tangente commune extérieure à deux cercles :*

1° Sur la droite des centres on décrit une demi-circonférence;

*2° Du centre de la grande,
avec un rayon égal à la différence des rayons des deux cercles donnés, on décrit un arc
de cercle;*

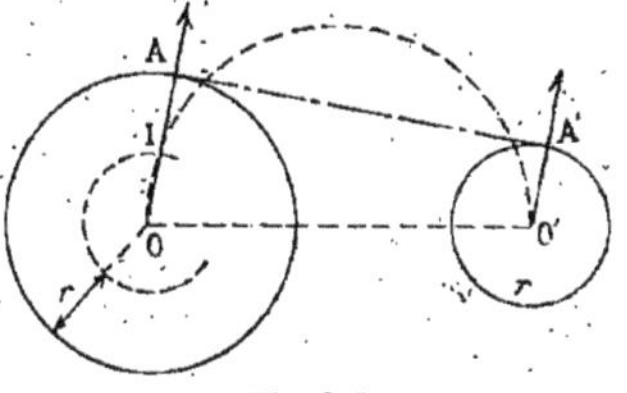

Fig. 249.

*3° On prend les points de
rencontre de ces deux circonférences auxiliaires;*

*4° On joint ces points au
centre de la grande circonférence;*

---

1. Ce procédé mérite d'être retenu au même titre que celui qui consiste
à prolonger la médiane dans un △ (voir page 72).

5° *Par le centre de la plus petite, on mène une plle;*

6° *Enfin on joint les points où les deux dernières droites percent respectivement leurs circonférences; et on a, non plus une, mais deux tangentes communes extérieures.*

REMARQUE. — On pourrait évidemment, pour traiter la question, apprendre par cœur cette grande règle, puis la vérifier. Mais c'est toujours dangereux (voir pages 12 et 13).

On aurait une règle analogue pour construire les *tangentes communes intérieures* CD. (On appelle ainsi des tangentes communes qui laissent les deux cercles de part et d'autre.) Seulement dans cette deuxième règle on parlera de la somme des rayons, et non plus de leur différence.

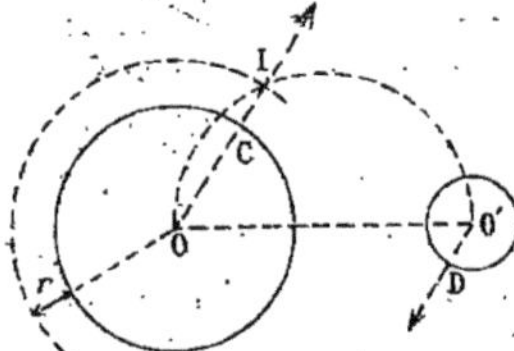

Fig. 250.

Pour finir, nous allons donner deux exemples où la droite se détermine par un point et sa direction.

Septième problème de construction de droite.

Par un point P extérieur à un cercle, mener une sécante telle que la partie interceptée soit égale à une longueur donnée.

Désignons par l la longueur que doit avoir la corde interceptée, et supposons le problème résolu en PAB.

Nous connaissons déjà un point de la droite demandée, le point P.

Pour achever de la déterminer, il faut un peu nous ingénier, et remarquer que le milieu M de la corde fait partie d'un lieu connu, le lieu des milieux des cordes

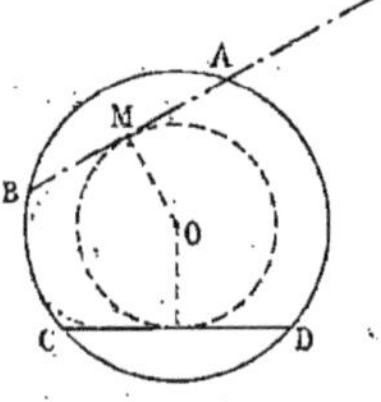

Fig. 251.

égales inscrites dans un cercle, lieu qui est un cercle concentrique, facile à tracer (voir page 149).

Mais la droite OM qui joint le centre au milieu M de AB est pp. à AB. Donc AB est une tangente.

Par conséquent la sécante cherchée PAB a une direction connue : c'est celle de la tangente au cercle concentrique.

D'où construction :

1° Par un point quelconque C de la circonférence on mène une corde de longueur l;

2° On construit le cercle tangent à cette corde;

3° Du point donné P on mène une tangente à ce cercle.

Huitième problème de construction de droite.

Étant données deux droites A et B qui se coupent en dehors de la figure, mener une droite qui passerait par ce point de concours et qui sera pp. à une direction donnée Z.

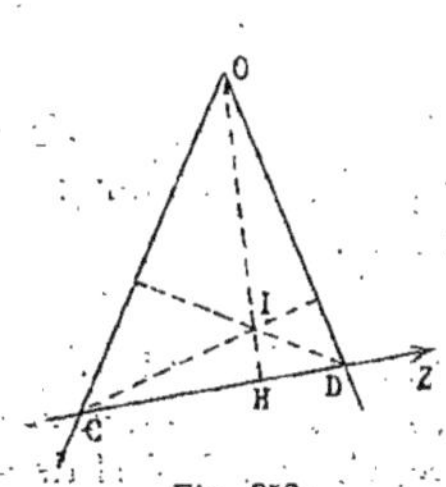

Fig. 252.

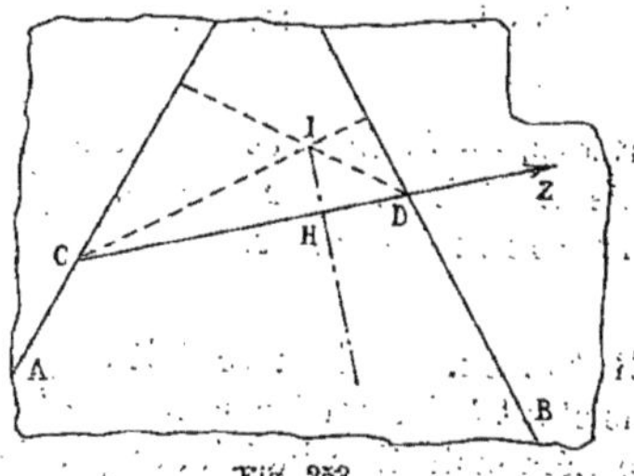

Fig. 253.

Supposons le problème résolu et soit OH la droite cherchée pp. à une droite quelconque CD, plle à la direction cherchée Z.

Nous connaissons ici la direction de la droite demandée.

Il suffira donc de tâcher de connaître un point.

Or, cela va nous être facile. Car, dans le $\triangle$ OCD, OH étant une hauteur, par association d'idées cela nous fait penser aux deux autres hauteurs qui, elles, peuvent être menées.

Menons-les donc. Leur point de rencontre I sera un point de la droite cherchée.

Et maintenant la droite sera déterminée (par un point et sa direction).

III. — CONSTRUCTION DE CIRCONFÉRENCES.

Une circonférence ne peut être placée dans une figure que quand on sait où placer le centre, et quand en outre on connaît la grandeur du rayon.

Les problèmes élémentaires sur la construction des circonférences sont les suivants.

PROBLÈME I. — *Construire la circonférence qui passe par trois points donnés* (ou circonscrire un cercle à un Δ).

Si on veut employer la méthode de recherche, on dira comme toujours pour commencer : supposons le problème résolu et soit O le centre du cercle circonscrit au Δ ABC. La figure nous montre immédiatement que OA = OB et que OB = OC. Par conséquent ce centre est :

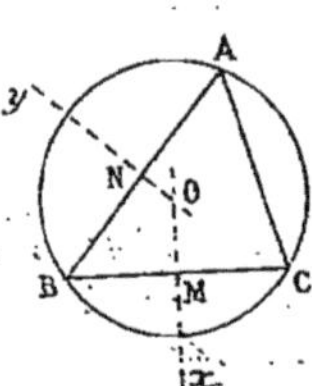

Fig. 251.

1° sur la pp. Mx élevée en BC en son milieu M ;
2°   —   Ny —   AB   —   N.

Donc :

RÈGLE. — *Pour circonscrire un cercle à un Δ, par les milieux de deux côtés on élève des pp. à ces deux côtés, et de leur point de rencontre comme centre on décrit le cercle.*

REMARQUE. — Si on voulait employer la méthode synthétique, consistant à donner brusquement la règle, sans réflexion, et sans une démonstration intérieure préalable, on risquerait fort de se tromper.

COROLLAIRE. — Quand le Δ donné est rectangle, en A, le centre O se trouve au milieu de l'hypoténuse.

Cela tient à ce que la pp. MX étant plle à AC passe par le milieu de BC.

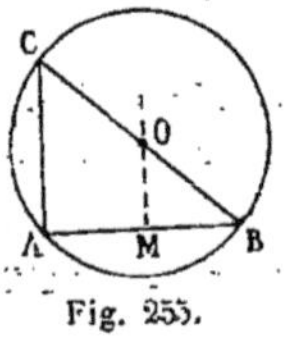

Fig. 255.

REMARQUE. — Tout cercle circonscrit à un Δ a la propriété suivante, d'être le lieu des points tels que les pieds des pp. menées de ces points sur les trois côtés du Δ sont en ligne droite.

PROBLÈME II. — *Inscrire un cercle dans un triangle* (voir page 109).

Supposons encore le problème résolu et soit O le centre du cercle inscrit.

BC étant tangente, la pp. OH menée du centre O sur BC est rayon. *Idem* pour les pp. OK et OI.

Donc ces trois pp. sont égales; donc le point O est également distant de BC, de AC et de AB. Donc il est au point de rencontre des bissectrices.

D'où la règle :

Pour inscrire un cercle dans un Δ, *on prend le point de rencontre de deux bissectrices.*

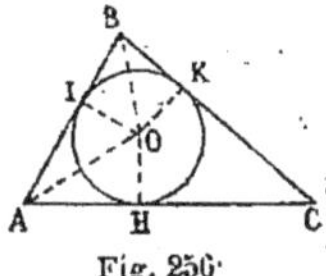

Fig. 256.

REMARQUE. — Quand le Δ est rectangle en A, la figure OHAI est un carré.

PROBLÈME III. — *Ex-inscrire un cercle à un* Δ ABC (voir page 109).

Il y en a trois. Proposons-nous de construire le cercle ex-inscrit situé dans l'angle A, c'est-à-dire tangent aux deux côtés AB et AC en leurs prolongements et tangent au côté BC.

Il suffit pour cela de *mener la bissectrice de l'angle A et celle de l'angle extérieur* B, *puis d'abaisser la pp.* O'H'.

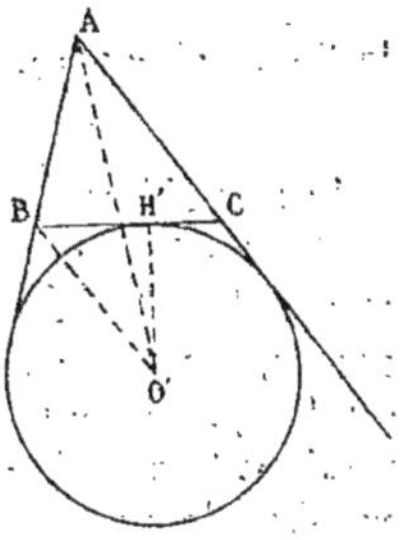

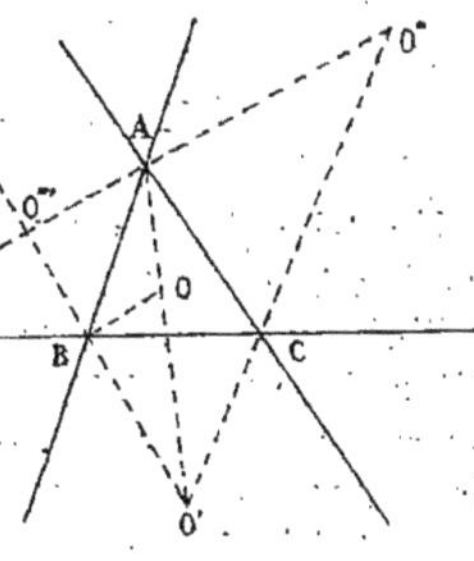

Fig. 257.

REMARQUE. — Cette détermination des centres des cercles inscrits et ex-inscrits résout le problème suivant :

Trouver les points d'un plan situés à égale distance de trois droites données. (Il y en a quatre, à savoir : O, O', O'', O'''.)

PROBLÈME IV. — *Construire le segment capable d'un angle donné* α *placé sur une droite donnée* (voir page 143).

On sait que ce segment capable est un arc de cercle, lieu des points d'où on voit la droite sous l'angle α.

Le problème revient donc à la construction d'une circonférence.

En s'inspirant de ce qui a été dit plus haut, on fera bien, cette fois, exceptionnellement, de donner immédiatement la règle :

Fig. 258.

RÈGLE. — *A l'extrémité de la droite donnée AB, on fait en dessous un angle ABC égal à l'angle donné.*

Au milieu de AB on mène la pp. à AB.

Au point B on mène la pp. à BC.

Enfin, du point de rencontre O de ces deux droites, comme centre, on décrit une circonférence de rayon OB.

L'arc supérieur ADB est le segment capable demandé.

(En effet, on sait que dans le cercle demandé AB doit être une corde, et BC une tangente.) (Voir page 143.)

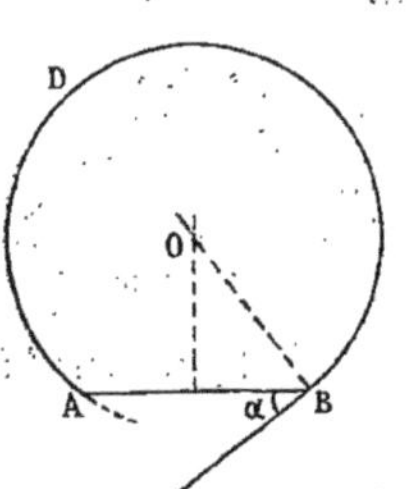

Fig. 259.

la figure ci-contre.

REMARQUE. — Si l'angle donné était obtus, on aurait

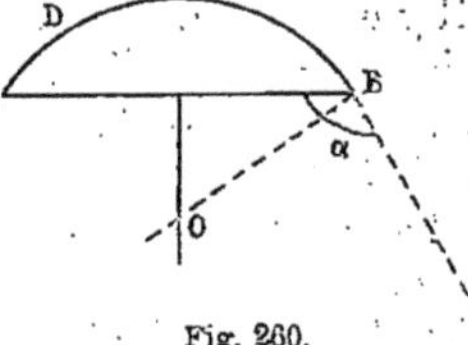

Fig. 260.

Les problèmes suivants :

Construire une circonférence de rayon donné R, passant par deux points, ou tangente à deux droites, ou tangente à une droite et passant par un point, etc., etc., seraient très faciles à traiter. — Il y a du reste un très grand nombre de problèmes de construction de circonférences, qu'on peut traiter par le deuxième livre de géométrie.

IV. — CONSTRUCTION DE TRIANGLES.

Un triangle ayant trois sommets, la construction d'un Δ se ramène à la construction de trois points.

Si l'un des côtés est donné, il n'y aura évidemment plus qu'à déterminer le troisième sommet, construction qui se fera toujours (comme on l'a vu, page 154) par l'intersection de deux lignes.

Toutefois, il y a des cas où la détermination directe des sommets est impossible. Il y a alors lieu de recourir à la construction d'un Δ *auxiliaire*, ou d'un cercle, ou même de deux cercles auxiliaires d'où on déduira aisément le Δ demandé, ainsi que nous allons le faire voir.

PROBLÈME I. — *Construire un Δ, connaissant les trois côtés.*

Supposons le problème résolu et soit ABC le Δ cherché qui a la forme (1) ou la forme (2), peu importe.

On voit immédiatement que sur une droite indéfinie il suffit de porter la longueur connue d'un des côtés, ce qui déterminera deux sommets A et B.

Puis, comme le troisième sommet C a deux propriétés, à cha-

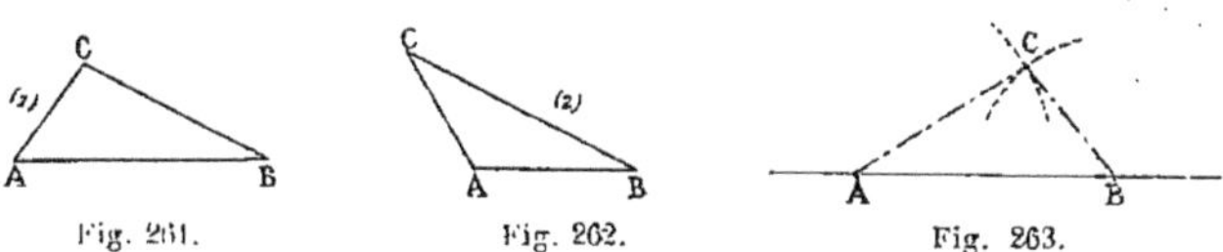

cune desquelles correspond un lieu qui est une circonférence, il suffira de décrire deux arcs de cercle des points A et B comme centres, avec des rayons égaux aux valeurs connues de ces deux autres côtés; d'où le point C; d'où le Δ.

REMARQUE. — Les trois côtés peuvent être donnés en nombres ou bien on dit qu'ils doivent être égaux à trois longueurs données. — Dans le premier cas on connaîtra les grandeurs relatives de ces trois nombres, puisqu'on se les donne. Il suffira donc de voir si *le plus grand* nombre est inférieur ou non à la somme des deux autres (voir page 32).

Dans le second cas, comme les trois longueurs données peuvent ne pas différer beaucoup, et qu'on ne voit pas tout de suite quelle est la plus grande, le plus simple, pour voir si le Δ peut être construit, est de faire la construction et de voir si oui ou non les deux arcs de cercle dont nous avons parlé se coupent.

(Bien entendu (voir page 32), le problème ne sera possible que si chacune des longueurs est plus petite que la somme des deux autres.)

PROBLÈME II. — *Construire un Δ, connaissant un côté et les deux angles adjacents.*

Supposons le problème résolu et soit ABC le Δ demandé dans lequel on connaît AB, Â et B̂.

Si les angles sont donnés en degrés, on pourra se servir d'un rapporteur.

S'ils sont égaux à des angles α et β indiqués sur la figure et non mesurés, il n'y aura qu'à faire en A et B deux angles égaux à des angles donnés (voir page 158).

On obtiendra de la sorte les deux directions AX et BY, d'où le point C.

Une hauteur faisant connaître la distance d'un sommet à un côté, une médiane faisant connaître la distance d'un sommet au point milieu du côté opposé, propriétés d'où dérivent deux lieux géométriques, on traitera aisément les problèmes suivants en nous inspirant des idées générales qui précèdent (page 154).

Construire un Δ, connaissant un côté AB,

et en plus : ou la hauteur CH et la médiane CM,
     ou les deux hauteurs CH et AK,
     ou les deux hauteurs AK et BI,
     ou l'angle A et le rayon du cercle inscrit,
     ou l'angle C opposé et la hauteur CH, etc.

Définition. — *Discuter une construction*, c'est voir dans quel cas elle est possible ou non, — puis aussi voir dans quel cas il y a deux solutions ou une seule. — Comme exemple de discussion du Δ, traitons le problème suivant.

PROBLÈME III. — *Construire un Δ, connaissant deux côtés et l'angle opposé à l'un d'eux.*

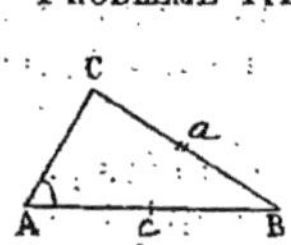

Supposons qu'on connaisse dans le Δ ABC : AB et BC que nous appellerons c et a ainsi que l'angle A.

Fig. 267.

Commençons notre construction par le côté AB[1] :

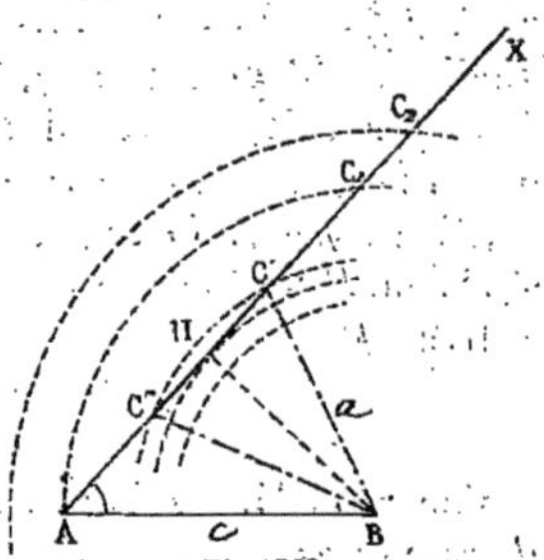

1° Le troisième sommet C devra se trouver sur la droite AX faisant avec AB l'angle donné A ;

2° Il devra aussi se trouver sur la circonférence décrite de B comme centre avec un rayon égal à la deuxième longueur a.

Ce troisième sommet C sera donc à l'intersection de la droite AX et de ce cercle.

Fig. 268.

Or, il est évident que plusieurs cas pourront se présenter :

1° Supposons d'abord *l'angle A donné aigu*. La longueur

---

1. Pour construire un Δ il est absolument nécessaire de bien commencer, et, parmi les éléments donnés, de bien voir celui qu'il faut commencer par utiliser.

donnée a pourra être ou inférieure, ou égale, ou supérieure à la pp. BH.

Si on a : $a < $ BH, la construction sera impossible.

Si on a : $a = $ BH, on aura un $\triangle$ rectangle répondant au problème.

Si on a : $a > $ BH, { l'arc de cercle du centre B, ou coupera AX en deux points C et C' à droite de A, d'où deux solutions ; ou coupera AX au point A et en un autre point C_1, d'où un seul vrai $\triangle$ ABC$_1$; ou coupera AX en un point à gauche de A et un autre C_2 à droite, d'ou encore un seul $\triangle$ ABC$_2$.

2° Supposons l'angle donné A obtus.

L'arc de cercle décrit de B avec un rayon égal à a ne pouvant couper AX qu'en un seul point C quand a est plus grand que C, il est clair qu'il n'y aura jamais qu'une solution quand on aura :

$$a > c.$$

Cette discussion peut se résumer dans le tableau suivant, en appelant h la hauteur BH :

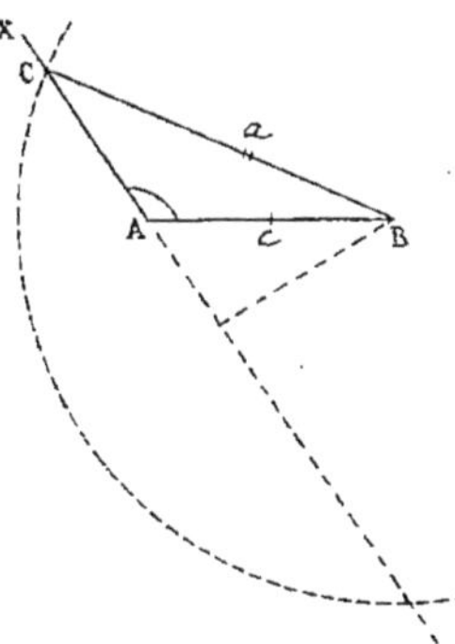

Fig. 269.

A aigu.	$a < h$		0 solution.
	$a = h$		1 solution ($\triangle$ rectangle).
	$a > h$.	$a < c$	2 solutions.
		$a = c$	1 solution ($\triangle$ isocèle).
		$a > c$	1 solution.
A obtus.	$a < c$		0 solution.
	$a = c$		0 solution.
	$a > c$		1 solution.

REMARQUE. — Cette construction nous montre clairement que deux $\triangle$ non rectangles qui ont deux côtés égaux et un angle aigu égal, mais *non compris* entre les deux côtés égaux, ne sont pas forcément égaux.

(En effet, les deux Δ ACB et AC'B satisfont à ces conditions et pourtant ne sont pas égaux.)

Seulement on peut affirmer que deux Δ obtusangles, dans lesquels on a constaté que deux côtés sont égaux deux à deux, sont toujours égaux, lors même que l'angle obtus n'est pas compris entre ces côtés.

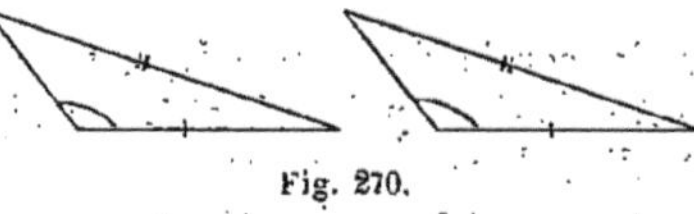

Fig. 270.

(Cela résulte de la construction précédente.)

Nous allons rapidement, pour finir, donner quelques exemples où, pour construire un Δ, on a besoin de recourir à **un Δ auxiliaire, ou à un cercle, ou à deux cercles auxiliaires.**

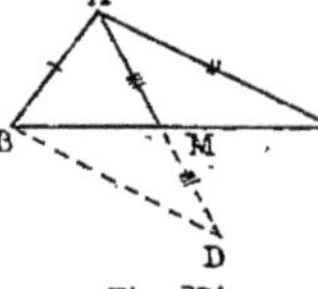

Fig. 271.

Exemple 1. — *Construire un Δ ABC, connaissant deux côtés et la médiane comprise.*

Désignons par b et c et m les deux côtés et la médiane donnés, on prolongera AM d'une longueur égale à elle-même, d'où pllgr. Et il suffira de construire le Δ auxiliaire ABD pour en déduire le Δ ABC.

Exemple 2. — *Construire un Δ, connaissant les trois médianes m, m′, m″.*

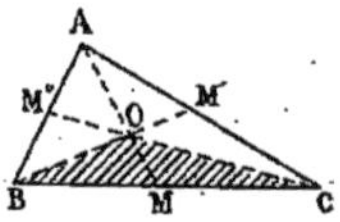

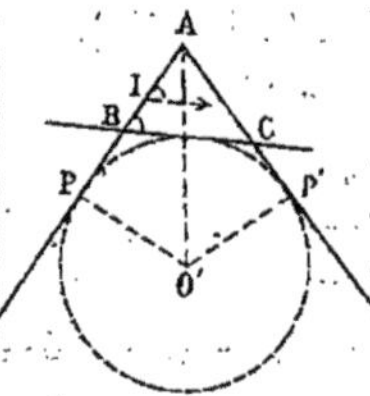

Fig. 272.

Il suffira de construire le Δ auxiliaire ombré OBC dans lequel on connaît deux côtés $\left(\dfrac{2}{3} m'\ \text{et}\ \dfrac{2}{3} m''\right)$ ainsi que la médiane comprise $\left(\dfrac{1}{3} m\right)$.

Exemple 3. — *Construire un Δ, connaissant deux angles A et B et le périmètre 2p.*

On construira l'angle A pour commencer. Puis, le mot périmètre de Δ éveillant en nous l'idée de cercle ex-inscrit, on prendra sur les deux côtés de l'angle A deux longueurs égales au demi-périmètre, c'est-à-dire à p.

Fig. 273.

Aux deux points P et P' on élèvera des pp. afin d'obtenir le cercle ex-inscrit O', enfin il n'y aura plus qu'à mener une tangente plle à la droite IK qui fait avec AB l'angle égal à B.

ABC sera le Δ demandé.

REMARQUE. — Si on s'était donné A, $2p$ et le côté a opposé à l'angle A, on aurait commencé par construire le cercle ex-inscrit O', puis, prenant la longueur Pγ égale au côté a [puisque Pγ$=$AP $—$ Aγ $= p — (p — a) = a$], on construira le cercle inscrit. Cela fait, il n'y aura plus eu qu'à mener une tangente commune pour avoir en ABC le Δ demandé.

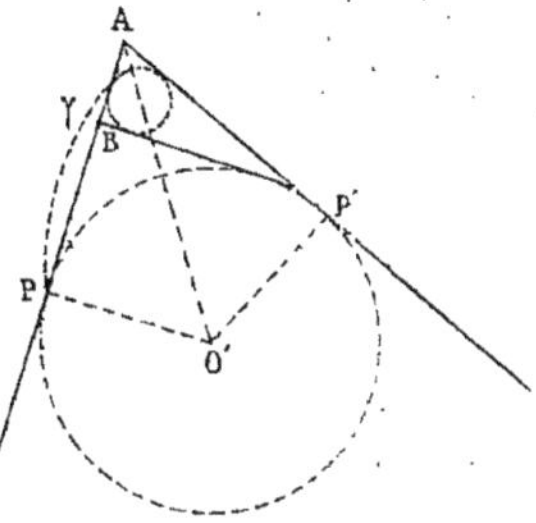

Fig. 274.

Exemple 4. — *Construire un Δ rectangle, connaissant l'hypoténuse et la hauteur.*

Supposons le problème résolu et soit ABC le Δ rectangle en A, où on connaît l'hypoténuse BC que nous désignerons par a et la hauteur AH que nous appellerons h.

Prenons une longueur égale à a, ce qui nous donne deux sommets B et C. Pour

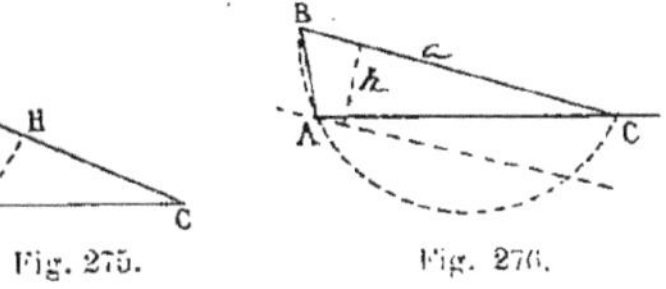

Fig. 275.

Fig. 276.

avoir le troisième sommet A, remarquons qu'il suffit de décrire un demi-cercle sur BC, puis de mener une plle à BC à la distance h.

D'où le Δ cherché BAC.

Dans ces derniers exemples on a employé pour construire le Δ une et même deux circonférences auxiliaires.

N. B. — Il résulte de ce qui précède que pour pouvoir construire un Δ, non rectangle ni isocèle, il faut toujours se donner trois *conditions.*

Il est clair maintenant que pour pouvoir construire un quadrilatère il faudrait s'en donner cinq, car tout quadrilatère se compose de deux Δ. Le premier exige trois conditions et le second deux seulement, puisque, le premier Δ une fois construit, on connaît un côté du second.

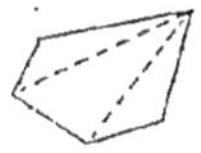

Fig. 277.

D'une façon générale, pour pouvoir construire un polygone quelconque de n côtés, il faudra d'abord trois conditions, puis encore autant de fois deux conditions qu'il y a de Δ restants, donc il faudra $3 + 2(n — 1)$, c'est-à-dire $(2n — 1)$ conditions.

Ainsi, pour construire un quadrilatère il faut cinq conditions; mais, pour construire un trapèze, quatre conditions suffiront (puisque, dans le deuxième $\triangle$ qui constitue le trapèze, l'un des angles est déjà connu).

Résumé des méthodes générales contenues dans ce deuxième livre de géométrie.

L'étude que nous venons de faire de la circonférence, des cordes, des arcs, des tangentes et des angles inscrits, nous permet d'énoncer les méthodes détournées, bien simples, qui suivent :

Pour prouver que **deux arcs sont égaux**, il suffit de prouver :
    ou que **les angles au centre sont égaux**,
    ou que **les cordes qui les sous-tendent sont égales**.

Pour prouver que **deux cordes sont égales**, il suffit de prouver :
    ou que **les arcs sous-tendus sont égaux**,
    ou que **leurs distances au centre sont égales**,
    ou que **les angles au centre correspondants sont égaux**.

Pour prouver qu'**une droite est tangente**, il suffit de prouver qu'elle est pp. à l'extrémité du rayon.

Pour prouver qu'**un quadrilatère est circonscriptible**, il suffit de prouver que **la somme de deux côtés opposés est la même**.

Pour prouver que **deux angles inscrits sont égaux**, il suffit de prouver qu'**ils interceptent des arcs égaux** (cela nous donne donc une troisième méthode pour prouver l'égalité de deux angles).

Pour prouver qu'**un quadrilatère est inscriptible**, il suffit de prouver :

ou que **deux angles opposés sont supplémentaires;**

ou **qu'un de ses côtés est vu des deux autres sommets sous des angles égaux.**

Pour prouver qu'un lieu de points est un arc de cercle passant par deux points fixes, on joint un point quelconque du lieu aux deux points fixes et on démontre que l'angle formé est constant.

---

§ 12. — Rotation des figures planes de formé invariable.

Définition. — On dit qu'une figure F est *animée d'un mouvement de rotation autour d'un point fixe O de cette figure* F, quand tous ses points décrivent en même temps des arcs ayant pour centre le point O et renfermant tous le même nombre de degrés.

Nous allons montrer que cette sorte de mouvement est possible.

Supposons que, le point O de la figure F n'ayant pas bougé, le point A de la figure F soit venu en A'. Puisque les distances ne sont pas altérées par le fait de ce déplacement, on doit avoir A'O=AO; et *nous pouvons dire* que le point A a décrit l'arc de cercle AA' dont le centre est O.

Considérons un second point B, venu en B'. La distance BO étant constante, B a forcément décrit lui aussi un arc de cercle BB' autour du point immobile O. Et il en est ainsi pour tous les points de F.

Cela posé, les arcs AA' et BB' ren-

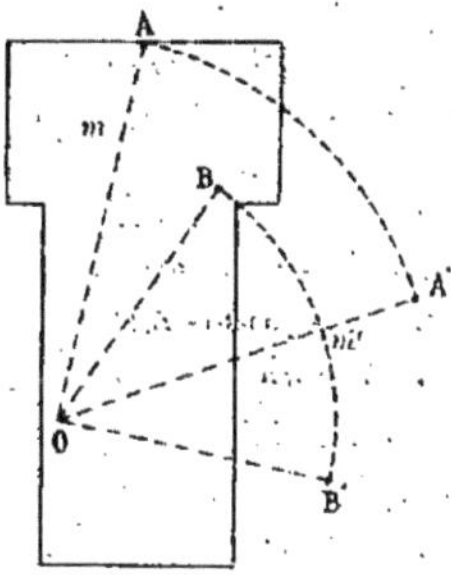

Fig. 278.

ferment le même nombre de degrés. En effet, les déplacements des figures n'altèrent pas les angles. Donc on a : $\widehat{AOB} = \widehat{A'OB'}$.

Mais, si on prolonge le petit arc BB' jusqu'à sa rencontre avec OA en m et avec OA' en m', on a évidemment :
$$\text{arc } Bm = \text{arc } B'm'.$$
et, en ajoutant à ces deux arcs égaux l'arc Bm', on aura encore :
$$\text{arc } mm' = \text{arc } BB'.$$
Mais le nombre de degrés contenus dans les deux arcs mm' et AA' est le même.

Donc les deux arcs AA' et BB' sont égaux (en tant que degrés), et il en sera de même de tous les points de la figure F qui tourne.

La définition précédente du mot *rotation* est donc justifiée.

Il résulte de ce qui précède que, quand une figure se déplace autour d'un point fixe, la position de la nouvelle figure sera connue, quand on connaîtra la nouvelle position A' d'un *seul* point A de la figure F (position A'

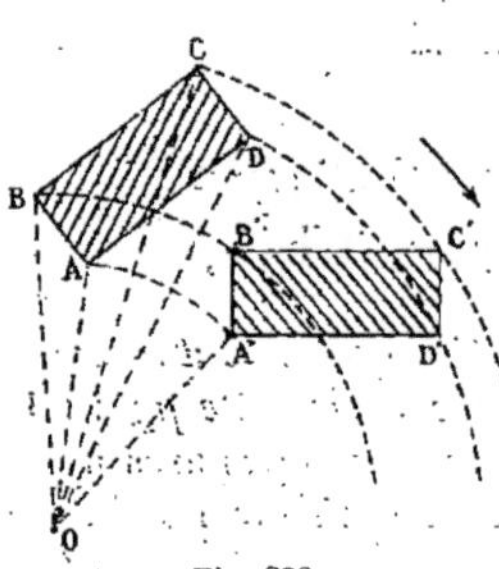

Fig. 279.

obtenue à l'aide d'un arc de cercle du centre O). Car le point fixe O qui, lui, n'a pas bougé, constitue en définitive un deuxième point de la nouvelle figure F'. On connaît donc dans cette nouvelle figure F' la position de deux points, à savoir A' et O; et alors, d'après le principe fondamental des déplacements énoncés au début, page 83, la position de cette figure F' est connue.

Nota. — On pourrait même, pour définir la position nouvelle F', se donner simplement le point fixe O et l'angle α de rotation.

PROBLÈME FINAL. — Supposons maintenant que, ayant sous les yeux une figure F et une deuxième position F' de cette même figure, et ignorant si dans F il y a ou non un point qui n'a pas bougé, on constate simplement ceci : que deux points A et B de F sont venus en A' et B' (la longueur A'B' étant alors, bien entendu, égale à AB).

Il y a alors lieu de considérer cinq cas :

PREMIER CAS. — *La droite A'B' est non seulement égale à AB, mais lui est plle et de même sens.*

Dans ce cas la figure F peut être regardée comme amenée dans sa nouvelle position F' *par une translation* unique égale à AA' (voir la translation à la fin du premier livre).

DEUXIÈME CAS. — *La droite A'B' est égale et plle à AB, mais de sens contraire.*

La figure (facile à faire) nous montre alors que les deux droites forment un pllgr où les diagonales sont AA′ et BB′. Si donc O est leur point de rencontre, OA étant égal à OA′ et OB à OB′, on voit que AB pourra être regardé comme amené en A′B′ *par une rotation de 180° autour du point O.*

TROISIÈME CAS. — *Les deux droites AB et A′B′ forment un trapèze isocèle de bases AA′ et BB′, AA′ et BB′ étant plles et de même sens.*

Dans ce troisième cas, on obtiendra encore la position F′ par *une rotation.* Car, si on prolonge les côtés non plles AB et A′B′ jusqu'à leur rencontre en I, il suffira de faire tourner F autour de I de l'angle AIA′, — auquel cas B tournant du même angle viendra en B′ (figure facile à faire).

QUATRIÈME CAS. — *Les deux droites AB et A′B′ forment un trapèze isocèle où les bases AA′ et BB′ sont plles, mais de sens contraires.*

Dans le trapèze (facile à dessiner) les diagonales sont AB et A′B′. Si donc on mène les deux pp. en leurs milieux, pp. qui se coupent en O, ce point O étant à égale distance de A et A′ d'une part, de B et B′ d'autre part, il suffira de faire tourner le point A de F autour de O, de l'angle AOA′, pour que le point B vienne de lui-même en B′. Dans la nouvelle position F′ pourra encore être obtenue par une rotation.

CINQUIÈME CAS. — *Les deux droites égales AB et A′B′ forment un quadrilatère qui n'est ni un pllgr. ni un trapèze.*

Dans ce dernier cas on trouvera *encore une rotation.* En effet, par les milieux de AA′ et de BB′ nous pouvons mener deux pp. MX et NY qui se coupent en I. Les deux $\triangle$ AIB et A′IB′ sont égaux :

$$\text{car } AI = A'I.$$
$$BI = B'I.$$
$$AB = A'B'.$$

Donc angle AIB = angle A′IB′, et, si nous leur ajoutons à tous deux l'angle BIA′, on aura :

$$\widehat{AIA'} = \widehat{BIB'}.$$

Donc, si nous faisons pivoter la figure F autour de I de l'angle AIA′, A viendra en A′, et B en B′.

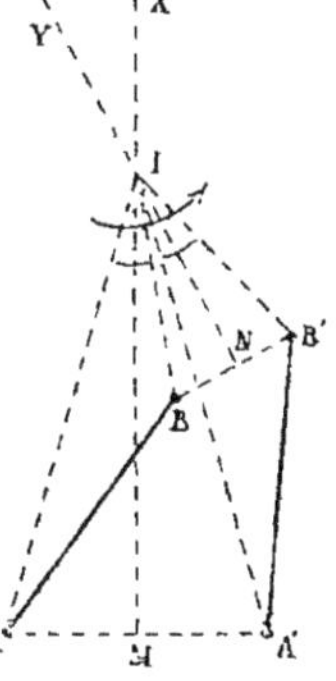

Fig. 220.

Donc le mouvement qui a amené AB en A′B′ peut être consi-

déré comme un mouvement de rotation autour du point I, point
toujours facile à déterminer.

N. B. — Remarquons pour finir que, dans tous ces différents
cas, le mouvement qui amène F en F' (c'est-à-dire AB en A'B'),
aurait pu être regardé comme constitué, d'abord par une translation de AB en A'B,, puis par une rotation de AB, autour de A'
comme centre avec un rayon égal à B,B', rotation égale à l'angle
de AB avec la position finale A'B'.

———————

En résumé, le déplacement d'une figure plane de forme invá-
riable dans son plan, sans retournement, peut toujours être regardé comme obtenu,

soit par une translation,
soit par une rotation,
soit par une translation suivie d'une rotation.

FIN DU DEUXIÈME LIVRE.

TABLEAU SYNOPTIQUE

RÉSUMÉ DU DEUXIÈME LIVRE
DE GÉOMÉTRIE

destiné à montrer la suite des théorèmes et l'esprit
des démonstrations.

---

§ 1ᵉʳ. — Généralités.

DÉFINITION DE LA CIRCONFÉRENCE (lieu géométrique). — Il en existe. Car :
Construction d'un mouvement continu avec le compas.
Étude de cette courbe.

1° C'est une courbe non sinueuse (convexe), car une droite la coupe seulement en deux points.

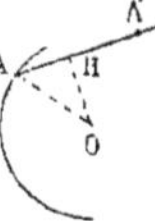
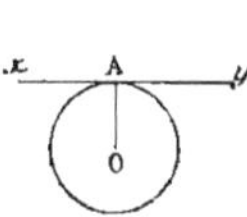
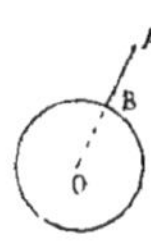

Fig. 1.   Fig. 2.   Fig. 3.

2° C'est une courbe symétrique par rapport à un diamètre quelconque.

---

§ 2. — Angles au centre et arcs.

Théorème I. — Si angles égaux, arcs égaux.

Théorème II. — Si angles inégaux, arcs inégaux (on le voit par rotation).

Deux théorèmes réciproques (par absurde).

Fig. 4.

---

§ 3. — Arcs et cordes.

Théorème I. — Si arcs égaux, cordes égales.

Théorème II. — Si arcs inégaux, cordes inégales (se voit par la méthode des $\triangle$ égaux ou inégaux).

Deux théorèmes réciproques (par absurde).

§ 4. — Cordes et distances au centre.

Lemme. — **Théorème I.** — Si cordes égales, distances au centre égales (méthode des $\triangle$ égaux).

Fig. 5.

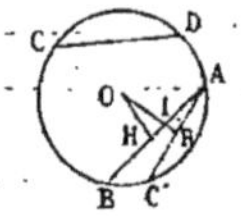

Théorème II. — Si cordes inégales, distances au centre inégales.

Deux théorèmes réciproques.

Fig. 6.

[On déduit de là méthodes pour prouver l'égalité ou l'inégalité de deux cordes ou de deux arcs.]

---

§ 5. — Tangentes.

PREMIÈRE DÉFINITION (droite ayant un point commun et tous les autres en dehors). — Il en existe : *suffit de mener une pp. au rayon.*

RÉCIPROQUEMENT. — Toute tangente est pp. à l'extrémité du rayon (car Il est plus courte distance de O à droite).

DEUXIÈME DÉFINITION DE LA TANGENTE (limite d'une sécante).

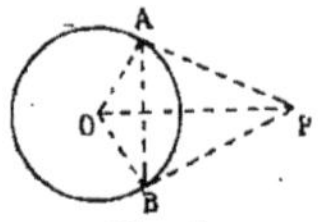

APPLICATIONS.

1° Théorème sur les deux tangentes issues d'un même point.

Fig. 7.

(Corde de contact AB pp. sur OP.)

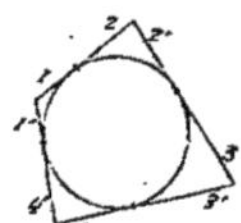

(Dans les problèmes, on utilise qu'une droite est tangente en utilisant qu'elle est pp. au rayon, et on prouve qu'elle est tangente en prouvant qu'elle est pp. au rayon.)

2° Propriété du quadrilatère circonscrit à un cercle.

3° Cercles inscrit et ex-inscrit dans un $\triangle$ (justifier le procédé).

Fig. 8.

4° Valeurs des segments $(p-a)$, $(p-b)$, $(p-c)$.

5° Distance d'un point à une circonférence.

---

§ 6. — Tangentes et cordes parallèles.

Théorème. — Deux cordes plles interceptent des arcs égaux.

RÉCIPROQUE.

Théorème. — Deux tangentes plles ont leurs points de contact aux extrémités d'un diamètre.

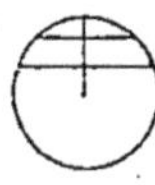 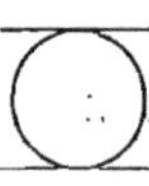 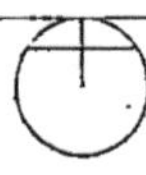 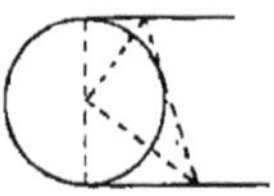

Fig. 9.   Fig. 10.   Fig. 11.   Fig. 12.

Théorème. — Si une tangente est plle à une corde, le point de contact est le milieu de la corde.

Quand une tangente roule entre deux tangentes plles, elle est vue du centre sous un angle droit.

§ 7. — Positions relatives de deux circonférences.

Lemme I. — Par trois points passe une circonférence et une seule.

Lemme II. -- Si deux circonférences ont un point commun en dehors de OO', elles en ont un second placé symétriquement.

Lemme III. — Si deux circonférences ont un point commun sur OO', elles n'en ont pas d'autres communs.

Deux circonférences peuvent occuper seulement cinq positions (le prouver).

Si extérieures, on a : $\quad\quad d > R + R'$,
si tangentes extérieurement $\quad d = R + R'$,
si tangentes intérieurement $\quad d = R - r$,
si intérieures $\quad\quad\quad\quad\quad d < R - r$.

Si sécantes : $\quad\quad \begin{cases} d < R + R', \\ R < R' + d, \\ R' < R + d. \end{cases}$

(Discussion.)

Il y a cinq réciproques (toutes à démontrer par l'absurde), d'où méthodes nettes pour voir les positions relatives de deux circonférences.

---

§ 8. — Rapport de deux grandeurs commensurables entre elles et leur mesure.

Règle pour trouver la plus grande commune mesure entre deux longueurs.

Raisonnement pour prouver que la diagonale d'un carré est incommensurable avec le côté.

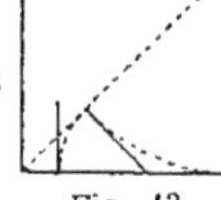

Fig. 13.

Première définition du mot rapport de deux grandeurs commensurables entre elles.

Deuxième définition.

Troisième définition.

Notation symbolique adoptée pour indiquer que l'on parle du rapport de deux grandeurs ou encore du rapport de deux nombres.

Une fraction arithmétique peut être regardée comme un rapport.

Définition du mot mesure (rapport de grandeur à grandeur unité).

Théorème. — Le rapport de deux grandeurs $=$ rapport du nombre qui les mesure, quelle que soit l'unité choisie.

Rapport de deux grandeurs incommensurables.

A quel caractère reconnaît-on que deux grandeurs sont incommensurables entre elles ? (par le raisonnement ou par le calcul).

Définir le rapport de deux grandeurs incommensurables (nombre incommensurable par lequel il faut multiplier la deuxième pour avoir la première).

Proportions en géométrie.

Définir les proportions en géométrie.

Définir quatre grandeurs proportionnelles.

Comment démontre-t-on que le rapport de deux grandeurs commensurables entre elles est égal au rapport de deux autres grandeurs liées aux premières? Même question pour le cas de quatre grandeurs deux à deux incommensurables?

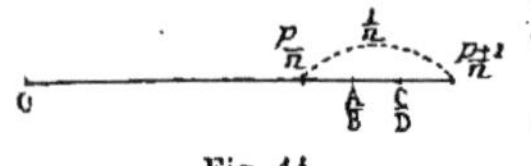

Fig. 14.

(On prouve que les rapports $\dfrac{A}{B}$ et $\dfrac{C}{D}$ sont tous deux compris entre $\dfrac{p}{n}$ et $\dfrac{p+1}{n}$, quelque grand que soit n.)

---

§ 9. — Mesure des angles au centre — inscrit — ou à sommet extérieur ou intérieur.

Le rapporteur ne donne en principe qu'approximativement la mesure d'un angle.

Mais, quand on connaît exactement la mesure de certains arcs, on peut en déduire rigoureusement la valeur des angles au centre, ou inscrits correspondants.

Les arcs de cercle se mesurent à l'aide du degré, qui est la 360$^\mathrm{e}$ partie de la circonférence ou du grade qui en est la 100$^\mathrm{e}$ partie.

Théorème. — Les angles au centre ont même mesure que les arcs correspondants, pourvu qu'on prenne pour unité d'angle l'angle au centre qui correspond à l'unité d'arc.

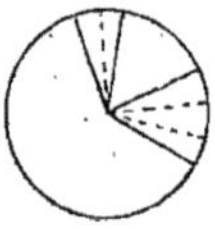

A cet effet, on démontre le lemme qui dit que le rapport de deux angles au centre = rapport des arcs, et on en déduit

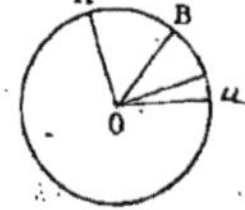

Fig. 15.

$$\frac{\angle AOB}{\text{angle unité}} = \frac{\text{arc } AB}{\text{arc unité}},$$

Fig. 16.

c'est-à-dire, mesure de $\widehat{AOB}$ = mesure de arc AB.

Théorème. — L'angle inscrit a pour mesure la moitié du nombre qui mesure l'arc.

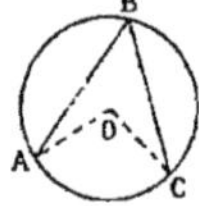

Fig. 17.

(Car $\widehat{AOC} = 2$ fois $\widehat{ABC}$.)

Théorème. — L'angle formé par une corde et la tangente à son extrémité a pour mesure la moitié de l'arc sous-tendu par la corde.

Tous les angles inscrits dans un segment sont égaux.

Fig. 18.

Propriété du quadrilatère inscriptible et réciproque.

Angle à sommet intérieur ou extérieur.

[Nouvelle méthode pour prouver que deux angles d'une figure où il y a un cercle sont égaux : on mesure les arcs correspondants.]

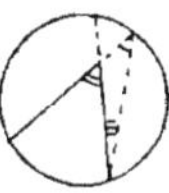

Fig. 19.

Fig. 20.

§ 10. — **Lieux géométriques.**

Méthodes à employer pour établir les lieux géométriques.

1. Lieu des milieux des cordes égales.
2. Lieu des points d'où on voit une droite sous un angle droit.

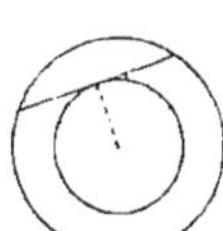

Fig. 21.

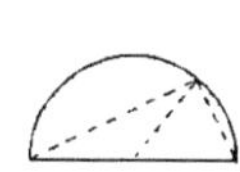

Fig. 22.

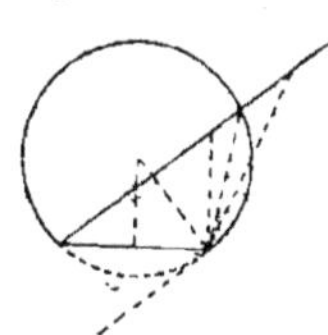

Fig. 23.

3. Lieu des points d'où on voit une droite sous un angle quelconque donné (segment capable).

§ 11. — **Constructions du second livre.**

Que faut-il entendre exactement par ces mots : construire un point? Construire une droite?

I. Construire un point, c'est trouver deux lignes qui le renferment.

Exemple 1. — Prendre le milieu d'une droite limitée.

Exemple 2. — Construire un point à égale distance d'une droite et d'une circonférence.

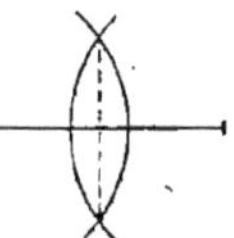

Fig. 24.

II. Construire une droite, c'est en trouver deux points

Exemple 1. — Perpendiculaire à une droite par un point donné.

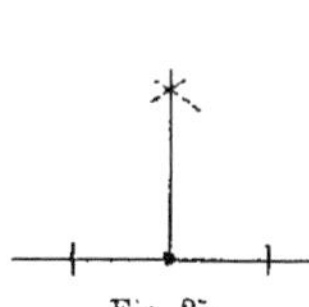

Fig. 25.

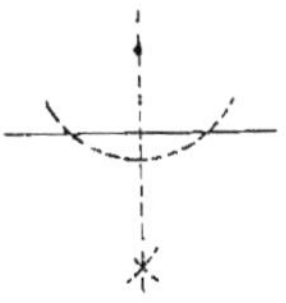

Fig. 26.

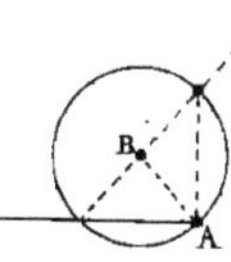

Fig. 27.

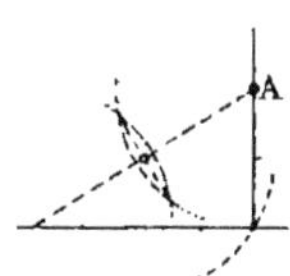

Fig. 28.

Exemple 2. — Parallèle à une droite.

Exemple 3. — Bissectrice d'un angle.

Exemple 4. — Tangente à un cercle, par un point de la circonférence.

Tangente à un cercle, parallèlement à xy.

Tangente à un cercle, par un point extérieur.

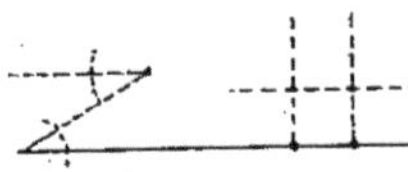

Fig. 29.

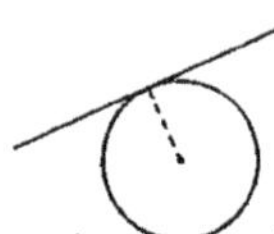

Fig. 30.

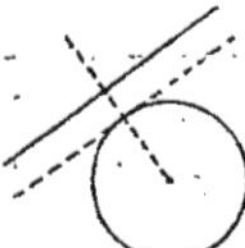

Fig. 31.

Fig. 32.

Exemple 5. — Tangente commune à deux cercles. (Tout revient à déterminer le point I.)

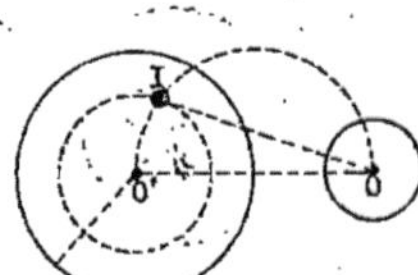

Fig. 33.

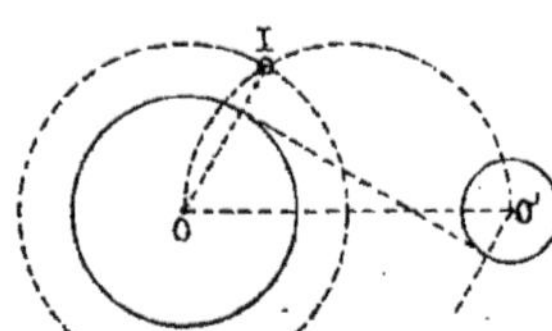

Fig. 34.

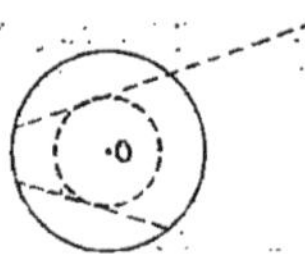

Fig. 35.

APPLICATION. — Par point mener à un cercle une sécante de longueur donnée l.

Construire une circonférence passant par trois points.

Construire une circonférence tangente à trois droites.

Cercles ex-inscrits.

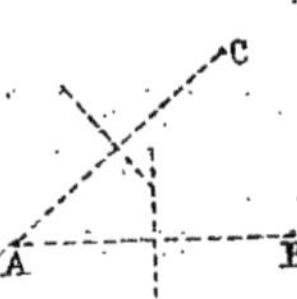

Fig. 36.

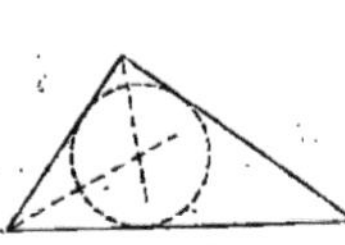

Fig. 37.

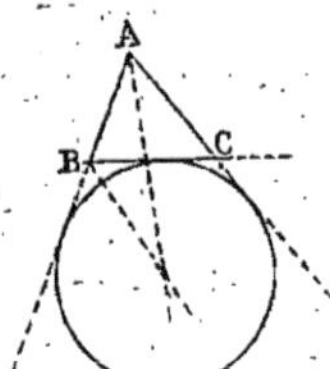

Fig. 38.

Construction du segment capable d'un angle donné, placé sur une droite donnée.

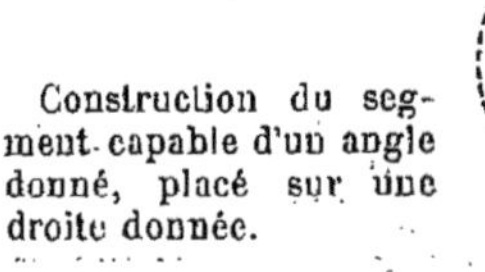

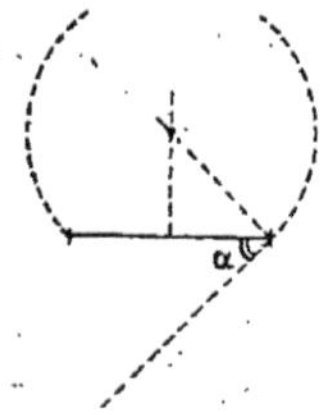

Fig. 39.

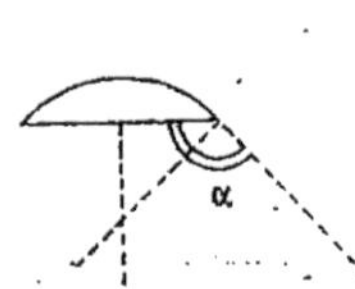

Fig. 40.

Construction d'un Δ, { connaissant les trois côtés; connaissant un côté et les angles adjacents; connaissant deux côtés et l'angle opposé. (Tableau de la discussion.)

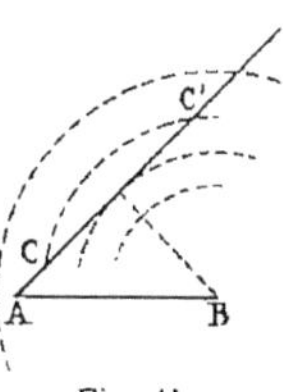

Fig. 41.

Construction d'un Δ, connaissant deux côtés et la médiane comprise.

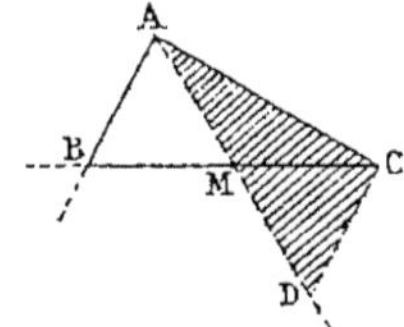

Fig. 42.

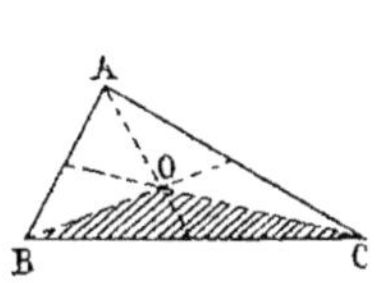

Fig. 43.

Construction d'un Δ, connaissant trois médianes (Δ auxiliaire).

Construction d'un Δ, connaissant le périmètre et les angles (par le cercle exinscrit $AI = p$).

Construction d'un Δ, connaissant a, A et $2p$.

$(IJ = a)$,

d'où tangente commune.

Construction d'un polygone.

(Il faut se donner $(2n — 1)$ conditions.)

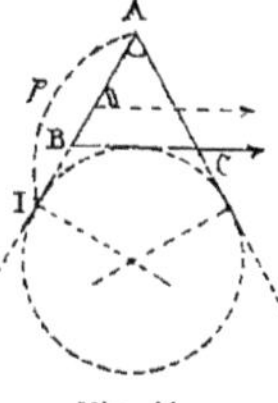

Fig. 44.

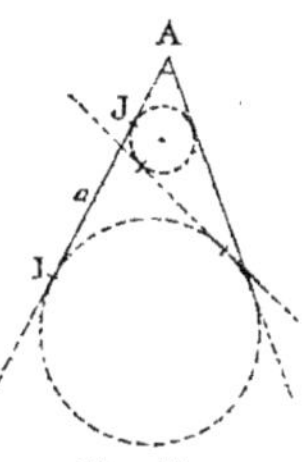

Fig. 45.

§ 12. — Déplacement d'une figure plane par rotation.

Principe. — La position nouvelle d'une figure est connue quand on connaît les positions nouvelles de deux de ses points A et B.

Définition de la rotation — et justification de cette définition.

Tout déplacement d'une figure peut être regardé toujours comme obtenu :

soit par une translation;

soit par une rotation.

Cela ne l'empêche pas d'avoir pu être obtenu par une translation suivie d'une rotation.

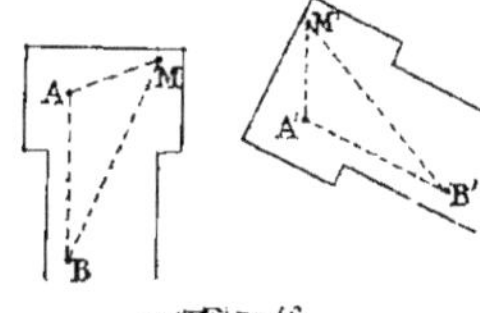

Fig. 46.

TABLE DES MATIÈRES
PREMIER ET DEUXIÈME LIVRES

GÉOMÉTRIE PLANE

LIVRE PREMIER

LA LIGNE DROITE.

§ 1er. — **Angles.**

§ 2. — **Triangles.**

§ 3. — **Perpendiculaires et obliques.**

LIVRE II

LA CIRCONFÉRENCE.

§ 1er. — Généralités.

La ligne appelée circonférence et tracée à l'aide d'un compas n'est pas une
   ligne sinueuse, c'est-à-dire ne peut être coupée par une droite en plus de

§ 2. — Angles au centre et arcs.

Si angles au centre égaux, arcs égaux.
   »   » inégaux, arcs inégaux.

§ 3. — Arcs et cordes.

Si arcs égaux, cordes égales.
Si arcs inégaux, cordes inégales.

§ 4. — Cordes et distances au centre.

Si cordes égales, distances au centre égales.
Si cordes inégales, distances inégales.

§ 4. — Tangentes.

Façon d'en obtenir (en menant une perpendiculaire au rayon).

Tangentes d'un point extérieur.

Cercle inscrit dans un Δ.
Cercle ex-inscrit à un triangle.